解析主管專家
橫山信治——著
葉廷昭／譯

職場好感學

闆喜歡、主管器重、同事信任的28個關鍵

suncolor
三采文化

前言

職場走跳要注意，拒當職場雷包

閱讀本書之前，**請你先衡量自己現在的職場好感度**。

你有沒有碰過下列的狀況？

比方說，你做錯事被上司責罵，在上司心中留下不好的印象。不過，你也很清楚犯錯是自己的問題，被罵是應該的，下一次要好好努力。

你說服自己重新振作，不料隔天同事跟你犯了一樣的錯，卻沒有被上司嚴厲責罵，也沒有受到懲處，上司只叫他下次小心一點。這到底是為什麼……？

或者，你也遇過類似的情景？

A同事和B同事隸屬同個單位，最近工作量比較多，大家都要留下來加班。上司特別關心A同事。

「你工作很認真，不要太操勞啊。」

相對地，B同事卻被上司嫌得要死。

「你怎麼一直加班啊？辦事效率也太差了。」

事實上，A同事和B同事的業績差不多，但A同事的薪水比較高，跟上司的關係也特別好。B同事薪水不高，每天上班都覺得很痛苦。這兩者的差異何在？

近年來，職場外也經常發生類似的問題。

C網友和D網友在同一個時期募資創業。他們的企劃內容大同小異，成本和預估的利潤也差不多。然而，C網友募到了十分充裕的資金，D網友卻不得不放棄創業計畫。這兩者又差在哪裡？

有些人享有旁人的讚賞，但有些人做一樣的事情，卻得不到大家的認同。這樣的狀況可說不勝枚舉。

做人處事比才能和努力更重要

這些「莫名其妙」的現象背後，牽涉到一個人職場好感度技巧。大部分人都以為，只要拿出實力和成果，自然會備受青睞。尤其有高度上進心的人，會積極學習各種技能，努力精進自己。

不過，這樣的思維太單純了。好比前面提到的例子，**兩個人的成績和實力相當，結果得到的評價天差地遠**，而這樣的情況還很常見。可見，我們實際獲得的評價，跟成績或實力以外的因素有關。

那麼，決定我們職場評價的因素，究竟是什麼？

我接待過兩萬多名商業人士，擔任面試官的經驗更是多到數不清，**面試時有沒有好感的差距是非常明顯的**。當然這還牽涉到當事人的能力，但就算是兩個能力相當的人，通常也不見得有同樣的雇用吸引力。

要不要雇用新人非我一人能夠決定，因此我不喜歡的人，也會得到工作的機會。大多數的情況下，他們加入公司以後的評價，也跟我當初面試他們的評價差不多。而且，連公司外部的客戶也對他們印象不好，這不是我個人對他們的偏見。

有了這些看人的經驗，我得出一個公式，來換算一個人的評價。

實力×職場好感度

（實力＝能力、成果、時機、運氣……等等）

兩個實力相當的人，會因為職場好感度有別，而有高下之分。職場好感度越高，實力和成績才會得到正當評價，做事也更容易成功。

反之，職場好感度越低，**努力和才幹也會大打折扣**。就算提出很棒的方案，**也不會受到重視，甚至連功勞都會被搶走**。就像前面提到的，好處永遠輪不到你，**被罵卻始終有你一份**。

這其實是很可怕的一件事。假設一個工作技能良好的員工，實力是一百分，這一百分加上職場好感度，就會變成兩百分或五百分；相對地，職場好感度太低，一百分就會變成七十五分或五十分。

萬一發生重大的問題，職場好感度變成負數，能力再高也可能被當成戰犯。有些人工作速度很快，上司卻不敢放心交辦工作給他。或者明明能力不錯，卻被當成一個城府極深的人。

如果這就是同事對你的評價，那代表你職場好感度大有問題。換言之，**職場好感度就跟推進器一樣**，對我們的人生有決定性的影響。

一向賣力工作的人，只要有了職場好感度，出人頭地絕對勢不可當。過去評價不高的人，也有機會開闢一條康莊大道。至於實力不太夠的人，好好活用這個能力，也能得到高於實力的評價。

本書旨在教導各位，在上司面前如何應對進退，掌握高度的評價。

可以量化的「職場好感度」

看到這裡相信各位也明白，除了能力和實力以外，職場好感度也是至關重要的因素。

決定個人評價的要素

順利完成工作的能力（實力普通）
× 職場好感度（高超）

= 上司願意交辦重要的任務
有出人頭地的機會

↕

順利完成工作的能力（實力普通）
× 職場好感度（低落）

= 上司不敢交辦重要任務
被同事疏遠，難以展現工作能力
容易被人懷疑和提防

首先，我們必須確切掌握自己有多少職場好感度。**因為好感度，也影響到你的職場評價**。空有一身實力也只會像第九頁下方一樣，給人不好的印象。

本書準備了二十八道情境問題，來評鑑各位的好感度高低。每一道問題都跟職場好感度大有關聯，工作能力反而無關緊要。

請各位回顧自己的作為，回答所有的問題。看你總共拿幾分，就知道自己職場好感度有多高了。

每一道問題都有說明和行動建議，分數不高的讀者請重看一遍內容，努力提升職場好感度，跟上司同事建立良好的關係吧。

職場好感度越高，你會不斷被加薪，比努力或才幹還要有用。

事實上，年收入就是反映你有多少好感度。年收入代表以下幾個意義。

第一，你這個人對公司有多少貢獻。

第二，今後你還有成長的潛力，上司覺得你值得這個價碼。

第三，上司願意花這筆錢栽培你。

年收入就是老闆、上司、客戶、同事對你的總體評價。

跟上司的相處方式會影響你的評價

大多數人不了解評價的本質，只想著要提升收入、拉幫結派。**缺乏職場好感度，你的努力只會適得其反**。這種行為無異於作法自斃，而且還毫無自覺。

「好比宣揚自己的功績。」

「替自己找藉口開脫。」

「對上司逢迎拍馬。」

「講別人壞話。」

會做這些事的人，都想提升自己的評價。不過，實際上只會失去別人對你的信任，導致評價一落千丈。

不先提升職場好感度，就急著提升自己的評價，只會往錯誤的方向努力，而且還不知道自己錯在哪裡。

請好好活用本書，了解職場好感度為何物，學會在職場受歡迎的技巧吧。等你學成以後，**就會享有圓滑的人際關係，以及出人頭地的機會**。

【本書準則】

本書共有二十八道問題，各自代表不同的職場情境。在你回答問題之前，先思考以下兩個重點。

「相同情境下，你會如何行動？」

「平常你是如何待人接物的？」

答完所有問題後得到的總分，就是你的職場好感度。之後詳閱每道問題的解說，不管是收入還是好感度，將會不斷增加。各位可以學會在答題的過程中，提升自我評價。

不管你現在的境遇如何，只要學會這二十八個技巧，你身邊的夥伴和支持者會越來越多，增進你的人脈、財運和氣運。請活用本書內容，提升職場好感度吧。

【測驗的注意事項】

我個人開了一間商業私塾，名為「橫山塾」。在撰寫這本書時，我曾請學員調查書中的內容，有沒有真實反映一般人的需求。我請他們多方調查，不同年收入的族群在面對那二十八道問題時，會做出怎樣的抉擇？那些抉擇和實際行動的落差有多大？

終於，我知道了年收入和答案之間的相關性，**同時也注意到一大問題**。大部分的人在回答時，都不是照著實際行動回答，**而是憑著「社會人士該有的形象」去選擇。或是，怎樣的行動比較符合眾人期望？或者如何行動比較符合常理？**

例如下面這一題。

「當你走到斑馬線前方時，綠燈開始閃爍。就算快步跑過去，可能也來不及過馬路。」

這種情況下，如果有人問你接下來會怎麼做，相信大部分人都會回答，停下來等下一次綠燈。可是，現實生活中，只要沒有太大的危險，大多數人一定都會選擇衝過馬路。

真實的情況是衝過馬路，而不是停下來等下一次綠燈。就算你知道他們會闖黃燈，甚至拿這一點來質問他們，他們也會大言不慚地回答，自己遇到黃燈一定會停下來。

當然，這些人不是在說謊，也沒有裝模作樣。**他們只是沒意識到認知和實際行動之間有落差罷了**——當眼前的燈號開始閃爍，他們明明直接衝過馬路，心裡卻相信自己會停下來等下一個綠燈。

這次的調查也發現，年收入較低的人，容易有這種認知和行動上的乖離。倘若你做完二十八道題目，測出自己的職場好感度高，但實際年收入卻不高，就代表你有行為和認知上的偏誤。

這個時候請重新回顧自己平日的言行舉止，修正自己的認知。要改正壞習慣，第一步是先認清自己有壞習慣。同理，想要提升職場好感度，就要對自己的言行舉止有自覺。

先正確認知自己的行為，才能發揮這本書的最大功效，在職場上無往不利。

職場好感學

目錄

前言　職場走跳要注意，拒當職場雷包

第1章 獲得好評的訣竅

同事上班遲到，還被上司稱讚，這是什麼道理？

幫你獲得「適當評價」的八個測驗

第2章 良好人際關係的訣竅

好心提供建議，幫對方解決問題，為何他反而埋怨你？

教你正確傳達想法的七個測驗

第3章 讓上司喜愛的訣竅

同樣是犯錯找理由，為何有人安然過關，有人被罵翻？

和主管建立好關係的六個測驗

第4章 獲得信賴的訣竅

你大方請同事喝酒，結果人家再也不跟你喝酒了，到底問題出在哪裡？

聰明花錢的四個測驗

第5章 正確努力的訣竅

同事準時下班還能出人頭地，我到底哪裡不如人？

學會正確努力的三個測驗

最終章　職場好感度，是開拓人生的利器！

第 1 章

獲得好評的訣竅

同事上班遲到，
還被上司稱讚，這是什麼道理？

Q1	☆　　個	☠　　個
Q2	☆　　個	☠　　個
Q3	☆　　個	☠　　個
Q4	☆　　個	☠　　個
Q5	☆　　個	☠　　個
Q6	☆　　個	☠　　個
Q7	☆　　個	☠　　個
Q8	☆　　個	☠　　個

※ 測驗結果請回填此表，全書測驗完再參考終章。

Q①

因為列車延誤，你會晚三到五分鐘進會議室。這時候你該怎麼做？

① 告知上司，你會遲到五分鐘。
② 告知上司，你會遲到十分鐘。
③ 努力想辦法趕往公司，不願浪費時間聯絡。
④ 告知上司，你會遲到一會兒。

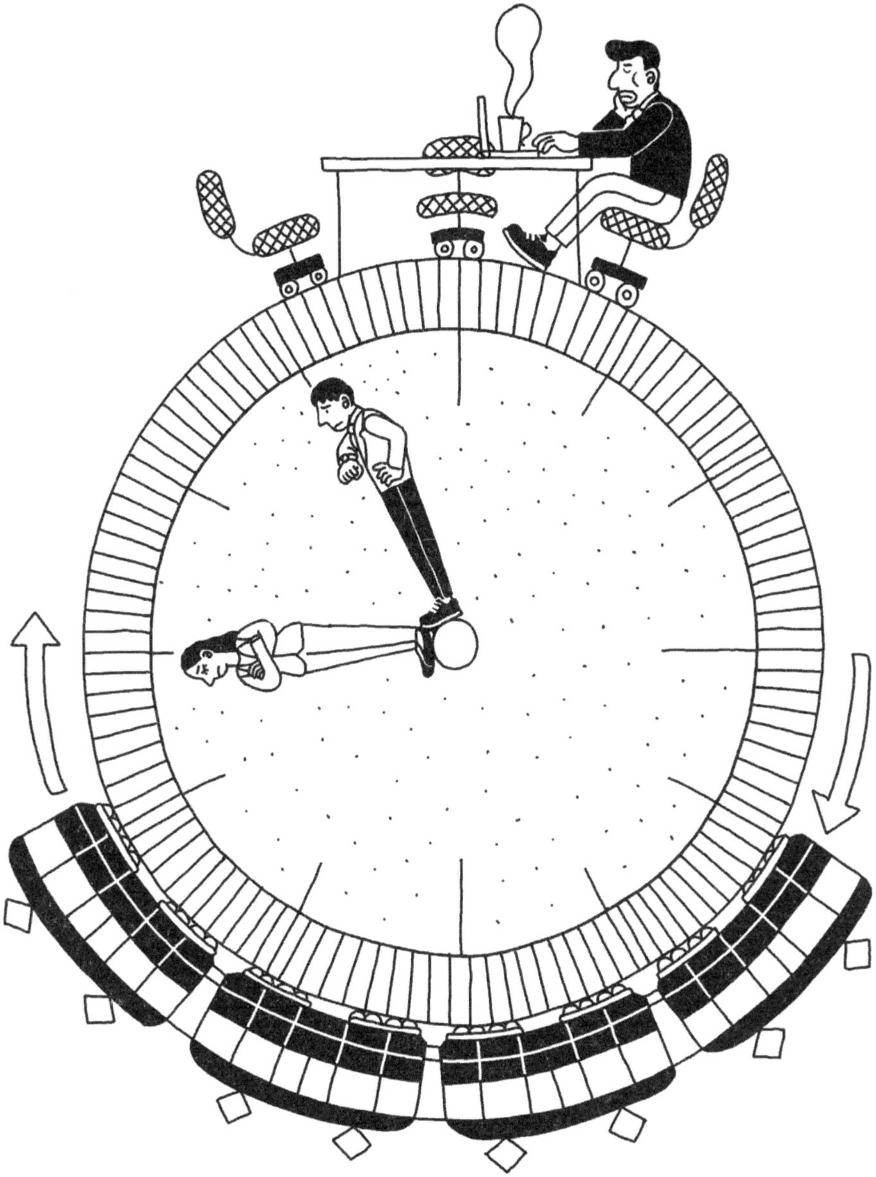

☜ 選好答案後，請翻到下一頁（所有題目比照辦理）。

守時是社會人士的基本要求，但難免會有不得已遲到的狀況。此時，你的應對方式會影響主管對你的評價。這個問題的關鍵在於，你要如何回應對方的預期。

選擇①【告知上司，你會遲到五分鐘】

大部分的人應該都是選這個選項。當你預期自己會遲到五分鐘，老實說出會遲到的時間，本身並無不妥。不過，實際情況和對方的預期一致（對方預期你遲到五分鐘，而你真的遲到五分鐘），你在主管眼中就只是一個「遲到五分鐘的人」。不過當你遲到越久，評價就越低，這個選項不是最好的應對方式。

選擇②【告知上司，你會遲到十分鐘】

這個選項才是本題的最佳解答。各位可能很疑惑，都已經讓對方乾等了，說自己會更晚到豈不更糟糕？別忘了，要把對方的預期心理也一併考量進去。選這個答案，可以改變對方的印象分數。

事先告知你會遲到十分鐘，然後你早個五分鐘到場，對方就會覺得你早到，還會認為你很重視彼此的約定。

與其老實告知可能遲到的時間，不如先說自己會晚點到，接著早點到場。以結果論來說，這樣能帶給對方好印象。當然，能不遲到就不要遲到，但記住這個技巧，對你大有助益。

選擇③【努力想辦法趕往公司，不願浪費時間聯絡】

在商場上，知會與聯絡是非常重要的工作原則。因此，乍看這是一個糟糕的選項。如果你平常從不遲到，只遲到五分鐘還無傷大雅，沒聯絡也不會降低個人評價。只要你不是遲到慣犯，選③或①分數都是一樣的。

不過，若是遲到十五分鐘以上，最好事先聯絡，緩解對方的不安。

選擇④【告知上司，你會遲到一會兒】

④是最差的選項。無法預估自己會遲到多久，那還不如別聯絡。對方根本無從得知你會遲到五分鐘還是二十分鐘，如要聯絡，就不要用這種抽象的說法。這個選項比③還糟糕。

不得已遲到時，回應的方法就要更聰明

遲到等於是浪費對方寶貴的時間，同時打破彼此的約定，所以就算別人給你低評價也怨不得人。然而，久久遲到一次，而且沒有遲到太久的話，不會影響到你的評價。

大家看的是連續性的表現，不會只憑單一行為去評價，過往的言行和平日的舉動才是判斷依據。

所以，平日守時的人久久遲到一次，評價不會下降太多。對方只會認為你是碰到不可抗力的因素，或是最近太忙碌。

倘若你是這類型的人，那就不要浪費時間聯絡，直接趕往現場比較好（選項③）。問題是，假設你沒有準時到場，肯定會讓對方擔心。因此，**事先通知自己會晚點到，然後盡量提早抵達，你就能滿足對方的預期心理**，這就是我推崇②的最主要理由。

另外，大多數人在報備自己的遲到時間時，說法都比較含蓄。例如，當你可能遲到三分鐘到五分鐘，你會告訴對方，自己會遲到三分鐘左右。遲到的人都有樂觀的預期心理。

比方說，他們會祈禱自己一路順暢，這樣就可以提早抵達。但我不建議各位用這種聯絡方式。

就算你真的只遲到三分鐘，在對方心中你依舊是個遲到的人。不幸遲到的時間拖得更晚，**你等於背叛了對方的期待。所以這種說法空有風險，沒有好處。**

順帶一提，某位大牌歌手是業界知名的遲到慣犯。他最厲害的地方在於，如果他可能遲到半小時，他會乾脆遲到兩小時。遲到半小時會被工作人員罵，但遲到兩個小時，工作人員反而會感謝他肯來。

當然，一般上班族用這種手法一定會丟飯碗，請各位不要模仿。請嚴守不遲到的基本原則。

職場
神應對

不得已遲到時，先告知對方你會晚點到，並提早到場。

Q 2

大學時代的好友表示，「我家人住院了，但現在手頭比較緊，可以借我二十萬嗎？」在經濟許可的情況下，你會如何回答？

①拒絕。

②借出二十萬。

③直接給他二十萬不用還。

④只借十萬。

俗話說得好，談錢傷感情。這句話很有道理，借出的一方不知道何時拿得回來，又不好意思催促。

一旦得知對方去吃好料，說不定還會怒從中來。至於借錢的一方在還錢之前，可能也不好意思再來找你，因此金錢借貸確實會破壞友情。

在這個前提下，我們來看一下各選項的解析。

選擇①【拒絕】

儘管朋友之間不該有金錢借貸，但拒絕多年好友求援，先不說對方的觀感如何，這本身是一件很可惜的事情。尤其在特殊情況下，有能力還是應該幫助對方。

選擇②【借出二十萬】

這個選項不但能滿足對方需求，也是四平八穩的選項。但請各位不要忘記，要是對方沒有還，友情就岌岌可危了。

選擇③【直接給他二十萬不用還】

對方找你借錢，你直接送錢給他還不用還，如此一來就沒有借貸關係了。照理說，這是最好的選項才對……在你給錢之前請先等一下。這個選項雖然沒有借貸關係，但還有其他風險存在，這關係到對方的「自我肯定感」。

給錢這種行為會傷到對方的自我肯定感，搞不好還會跟你保持距離。

選擇④【只借十萬】 ☆☆

想要幫助好友，又不想給對方太大的人情壓力，這一題你應該選擇④【只借十萬】，這才是最好的解答。

我知道有人一定會問，人家要借二十萬，只給十萬根本不夠啊？問題是，你想幫助對方，也不該造成人情壓力。這一個選項可以協助友人，又不會給對方太大的人情壓力。

就算你提供的援助只有一半，也能減輕好友的負擔，不會影響到雙方的關係。

金錢借貸和對方的尊嚴

這一題牽扯到**金錢借貸關係**，以及對方的**自我肯定感**，情況相對複雜。

選項③提到的自我肯定感，是**每一個人心中都有的強烈願望，大家都希望獲得別人的尊重和讚賞**。

自我肯定感較高的人，會有幸福的感覺；反之，則會有妄自菲薄的感覺，不管做什麼都不滿足。

當一個人不得不找朋友借錢時，他的自我肯定感已經不高了。在這種情況下，最有效的援助方法是④。

當然，你的支援會不會帶給對方壓力，這要看對方的經濟能力、借貸金額，還有借錢原因而定。只要不會帶給對方壓力，或是傷害對方的自我肯定感，借出全額也無所謂。

另外，②跟③的差別不大，但我建議各位選擇②。金錢借貸確實容易傷感情，但是遠不及用施捨的方式傷害對方的自我肯定感來得重。自我肯定感是每個人做人處事不可或缺的要素。

職場
神應對

萬一朋友有困難找你借錢，借一半就好。

Q ③

大學時代的好朋友，跟你商量「我經商失敗，欠了一屁股債。不過，我有快速獲利的好方法，只要借我一點資本，我絕對能東山再起。可以借我一百萬嗎？」在經濟許可的情況下，你會如何答覆？

① 拒絕。
② 借出一百萬。
③ 直接給他一百萬不用還。
④ 只借五十萬。

這一題同樣牽涉到金錢借貸。在說明本題的關鍵之前，先來分析四大選項。

選擇①【拒絕】 ☆☆☆

這是本題的唯一正解。

選擇②【借出一百萬】 💀💀💀

誠如前述，金錢借貸有可能破壞友情。而且這一大筆金額，借出去大概就要不回來了。

選擇③【直接給他一百萬不用還】 💀💀💀

只要給過一次，你的朋友很可能把你當錢包利用。遇到類似的案例，千萬不能給錢。

選擇④【只借五十萬】

這一題你給一半，對方非但不會感謝你，還會怨恨你只給一半。因此，就算只有一半也不能給。

和善跟好騙是兩回事

這一題跟上一題住院的情境相似，答案卻完全相反。理由在於，這一題的情境中，你的好友是**失敗者**。

當一個人經歷重大挫折，失去了地位和金錢，可分兩種情況。一種純粹是運氣不好，另一種就是失敗。

比方說，上一題商借住院費的好友，就是運氣不好。在危急關頭沒錢，是一件很遺憾的事，而且家人住院，純粹是運氣不好所致。只要有一筆應急的錢，就能擺脫當下的困境。

除了家人生病以外，窮到吃不飽的孤兒、被捲入戰火的難民，也都屬於運氣不好的一方。

只是因為出生的環境和所處的際遇不好，並不是當事人本身的問題。情況改變的話，他們也有機會成功。

反之，這一題的好友欠了一屁股債，非但不努力償還，還想依賴他人。**這就是典型失敗者的思維**。

這名好友應該先努力還債，如果你幫了他，那他一輩子都是失敗者。因此，你千萬不能給他錢，這跟金額大小無關。

再舉幾個失敗者的例子給各位參考。

早年的日本人賣麵包是開著車子四處兜售，當時有一間叫「丸木」的麵包店，分店長下班後前往大阪的淀川一帶，發現那裡有很多挨餓的街友。正好店內有一些賣剩的麵包，分店長就免費贈送給那些街友，街友都非常開心。分店長覺得自己做了善事，好一陣子都拿賣剩的麵包去接濟街友。後來，店內的麵包都賣完了，他也沒再去接濟街友。

過了一段時間，分店長再次想起那些街友，就特地準備一些新鮮的麵包要送去。不料，那些街友一看到他，當場破口大罵。

「你這無情的傢伙，竟然說不來就不來！」

街友非但沒感謝分店長的接濟，反而痛罵分店長為什麼之前沒來……這則故事中的街友，就是**標準的失敗者，整天只想著依靠別人接濟**。

失敗者的思維太天真，所以會習慣性依賴他人，很難矯正。除非他們真的有意願改變自己，並且付出非比尋常的努力。以這題來說，那名好友應該先自食其力還債，否則一輩子都是失敗者。

近年來，有越來越多年輕人因為部分負債，就宣告自己破產。這麼做確實可以不用還清欠下的債務，**但是依賴他人救濟，不把債務當一回事的心態，讓他們永遠都是失敗者**。伸手救濟失敗者，你也會跟著墮落沉淪。因此，千萬不要跟失敗者扯上關係。

前兩個問題乍看相似，內容卻無法相提並論，答案也就南轅北轍。當你要伸出援手時，請先分清楚你幫的是倒楣鬼還是失敗者。如果只是單純倒楣，那就在你能力許可的範圍內幫忙吧。

職場
神應對

把別人的救濟視為理所當然的人，千萬不能幫。

Q 4

你在忙的時候，辦公室的電話響了，你會怎麼做？
請根據真實行動作答。

① 第一時間搶先接聽。
② 有心想接聽，但動作慢半拍。
③ 等手邊的工作告一段落再接。
④ 麻煩死了，交給別人去接。

有些人可能會想，接個電話有啥大不了。其實，這種日常小事，會決定你跟上司的相處是否和睦，還有上司對你的評價，甚至影響到你出人頭地的機會。這一題的標準答案，相信大家都知道。但是關鍵不在於答案的正確性，而是你真實的作為。

選擇①【第一時間搶先接聽】 ☆☆☆

這是最好的答案，大多數讀者應該也料到了，但你在職場上真的這樣做嗎？

選擇②【有心想接聽，但動作慢半拍】

這一個選項同樣有心接電話，在心態上跟①同分。不過，現實生活中你不見得真的會去接電話，所以比選項①略差。

選擇③【等手邊的工作告一段落再接】
選擇④【麻煩死了，交給別人去接】

③和④的評價相同，一次解說比較快。

乍看之下，這四大選擇中④是最糟糕的。可是，這一題的關鍵在於，你願不願意花時間幫助同事。電話響了總要有人接，你接起電話，等於是犧牲自己的時間，確保同事工作的時間。這種犧牲奉獻的思維，可以讓你獲得信賴。

實際去接聽電話的次數不是那麼重要，沒有主動去做，或是久久才做一次，這都不是好事情。

積極付出就有高評價

這一題該注意的是，**你有沒有為他人付出的心意**。接電話不過是為他人付出時間的一個例子罷了。替同事收取包裹，補充影印機的紙張也是一樣。只是電話響起的次數比較多，大部分的人都懶得接，所以我才出這一道問題。

言歸正傳，**犧牲自己的時間幫助他人，最後會提升你的信賴感，對你是有好處的**。接下來，我就舉一個朋友的公司實際發生的案例。

A課長是備受公司期待的菁英。有一天，A課長的部門發生個資外洩事件，A課長負起全責，被下放到九州的分店。幾個月後A換了工作，再也沒回到總公司服務。A課長是眾人認可的優秀員工，依然躲不過這樣的命運。

A課長離開後，換了B課長。B也是年輕有為的員工，同樣是個職場菁英。不料，上次個資洩漏才過半年，同部門又發生同樣的資安事故。而且，這次的情況更嚴重……

一般來說，公司會比照過往案例下達處分。代表B課長也該被下放分店，尤其這一次的情況更嚴重，處分應該會更重。可是，資安事故處理完畢後，B課長沒有被下放，依然繼續擔任課長，只有嚴厲警告而已。

到底這兩者差在哪裡？

人事部門本來打算殺雞儆猴，對B課長下達嚴厲的處分。畢竟半年前才發生過同樣的資安問題，處分比A課長嚴重也是應該的。就在即將下達處分時，平日專門下達嚴厲處分的高階主管C，突然替B課長說話。

「B平常很努力，對公司也有不小的貢獻。這一次的事件純屬意外，應該不用下達這麼嚴厲的處分。」

若是直屬上司出面包庇，那還情有可原。當然，部下出包，上司通常是沒發言權的。不料，替B說話的竟然是沒有直接關聯的C。最後，社長同意C的建言，只給予嚴厲的口頭警告。要不是C出面說情，B課長肯定要倒大楣。

問題來了，為什麼高階主管C，要幫助一個與自己無關的B課長？這跟B課長平日的行為大有關聯。管理階層多半也統領審查部門，在業務旺季時，連日熬夜加班也是常有的事情。當審查部門忙得焦頭爛額，其他單位的B課長主動帶著部下一起去幫忙，減輕了審查部門的負擔。

B課長主動去幫忙的原因不得而知，但他主動幫忙的事蹟，傳入了C這位高幹的耳中。那一次的人情，幫助B課長度過了這一道難關。

請注意，我不是說A課長無能，只可惜事發當下沒人替A課長說話。有沒有人幫腔，對職涯也有影響。

如果你問我，這一次的懲戒公不公平，老實說當然不公平。問題是，**多數日本**

企業重視的是職場好感度，而不是是非對錯。所以，你要有一群願意替你說話的人，你才能獲得良好的評價。

再舉一個接電話的案例。過去我管理的部門當中，有一個部下總是率先去接電話。她本來是派遣員工，最後獲得提拔，甚至當上了部長。各位可能會想，那名女員工純屬例外吧。錯了。

幫別人接電話，是在犧牲自己的時間，有時候還得應付客訴之類的麻煩事。不過，她認真處理問題的態度，大家都看在眼裡。**其他人看到你主動幫忙處理麻煩事，自然會想要替你加油**，你的上司也一樣。

因此，從長遠的觀點來看，為了別人犧牲自己的時間，你會獲得很高的評價，得到的回報比你付出的成本還高。吃虧就是占便宜，指的就是這樣的精神。套一句時下流行的說法，這又稱為「付出的精神」。

自我信譽不高的人永遠短視近利，他們認為浪費時間接聽電話，是一件吃虧的差事。**只顧追求眼前的利益，那種人是得不到信賴的**，大家只會覺得狡猾又自私。獲得信賴不是參加速效的減肥班，請不要只做個一、兩次，因為絕對沒效果。

現在這個世道，犧牲奉獻的價值觀似乎有些落伍。**不過，那些位高權重的人，反而比較喜歡憨直的人。**請各位謹記這件事，思考自己該怎麼做吧。

職場
神應對

當一個不計較眼前得失的人吧。

Q5

你要去拜訪初次見面的客戶，當天的服裝儀容，應該注意哪些部分？

①男性要穿西裝，女性要穿西服外套。
②穿平常穿的衣服就好。
③配戴高價的手錶或包包。
④調查對方的興趣和喜好，穿對方喜歡穿的衣服。

對於外觀有各種不同的論述，好比不可以貌取人、人要衣裝佛要金裝等等。到底外貌重不重要呢？這一題的關鍵在「整潔」和「合宜與否」。

選擇①【男性要穿西裝，女性要穿西服外套】☆☆

跟陌生的對象碰面，最重要的是保持整潔。太有個性的打扮，在商場上很難獲得高評價，日後對方也不會想跟你深交。從這個角度來看，男性穿西裝、女性穿西服外套，這是最能表現出清潔感的裝扮。前言提到的調查當中，不論男女老幼都是選這個選項。

不過，各位實際上又是怎麼穿的呢？

如果職場有服裝儀容規定那倒好辦，但依我個人的觀察，炎炎夏日很少有人會穿著正裝，跟陌生的對象見面。也有人打著少穿衣、不開冷氣的環保名義，穿得太過休閒。

各位要是也有類似的狀況，請重新檢討自己的行為。

選擇②【穿平常穿的衣服就好】 ☠

這個答案要視情況而定，如果你平常的穿衣風格很整潔，那就沒問題。男性最好平時穿著西裝外套，裡面搭配有領子的 POLO 衫或襯衫，這就是很整潔的裝扮。然而，太過休閒的服裝，不適用初次見面的情景。

選擇③【配戴高價的手錶或包包】 **好壞要看性別而定**

女性要是搭配適合商場的小配件，那就沒問題。男性的話就不適用這個選項，詳情容後表述。

選擇④【調查對方的興趣和喜好，穿對方喜歡穿的衣服】 ☠☠☠

懂得考慮對方的感受，乍看之下是最好的答案。可是，對方可能會從你的穿著打扮，來評斷你這個人。畢竟雙方初次碰面，你的特殊打扮會啟人疑竇，所以沒必要徒增風險。

外表和內在哪個更重要？

人的心胸和內在特別重要，這是不爭的事實，正所謂「衣衫襤褸，心似錦衣」指的就是這個道理。

問題是，你的內心再有涵養，外在也不能太過邋遢，否則人家還沒接觸到你的內在，就先嚇跑了。

因此，我認為一開始要先打點好外在。內在有涵養是一回事，但陌生的對象根本看不出你有涵養。

請各位務必重視整潔，從這個角度來看，①才是最棒的選項。平常不懂穿搭的人，穿上西裝或西服外套，看上去也會人模人樣。

我平常接見許多貴客，打領帶的男性容易給人好感。夏天少穿一點，力求節能減碳固然是好事，但在正式場合下，穿開襟襯衫或不打領帶都不恰當。

②和④講究的是你的服裝整不整潔？你的穿搭風格對方喜不喜歡？人們對穿搭

風格其實挺講究的，你的用心對方可能根本就不喜歡。就算對方喜歡復古風的服飾，你穿得太破爛反而會失去信用，無法與對方交心。

坊間有所謂「小飾品豪華主義」，對小飾品之類的東西特別講究。因此各位也許不能理解，為何選擇③的男性不受好評。女性全身上下都穿名牌，不見得會給人好印象。不過，小飾品用名牌的話，反而凸顯妳的品味獨到。

男性就不一樣了，男性身上配戴高價的小飾品，搞不好會失去信用。不少男性都會戴勞力士手錶，社會地位夠高的人配戴還沒關係，但年收入不高的小夥子配戴高級名錶，對方只會覺得很奇怪。

很多成功人士的著作中都提到，言行舉止要像一個成功人士。比方說，身上要穿戴高價的衣物飾品，去高級的餐廳或旅館消費等等。我個人不贊成這種論調，花錢犒賞自己或許有點益處，但你跟別人交流時，這麼做不見得會有好評價。

高級餐廳有高級餐廳的規矩和禮儀，不習慣這種場合的人去那裡擺闊，只會凸顯自己的突兀。打腫臉充胖子，是瞞不過對方的。**不要做自己高攀不上的事情，這才是正道。**

如果你是男性，而且你真的很喜歡名錶或高價的皮鞋，穿戴一些適合商業人士的高級貨色那也無妨。這種情況下，穿戴高級貨就不是壞事，還能把這些興趣當成閒聊的談資。

職場神應對

職場上，西裝還是最容易贏得信任的打扮。

Q6

上司請你提出新企劃，這個企劃案需要專業知識。請問，你要從何處獲取專業知識呢？

① 上網蒐集資訊。
② 上網蒐集資訊，閱讀相關書籍。
③ 去圖書館查資料。
④ 詢問專家。

……這一題講究的是資訊蒐集能力，以及資訊素養。

選擇①【上網蒐集資訊】

現在上網搜尋就能馬上得到大量資訊，所以很多人會選這個選項。不過，網路資料水準參差不齊，如果不懂得判斷資訊優劣，可能很難找到工作堪用的專業資訊。找到低劣的資訊不只會降低你的評價，公司允許你這樣做，也會連帶破壞公司名譽。

選擇②【上網蒐集資訊，閱讀相關書籍】 ☆☆☆

這一題最棒的答案就是②。先主動上網查資料，了解一些概要，然後再調查相關書籍。

市面上確實有一些信口胡謅的爛書，但大部分的作者著書，還是會抱持責任感。而且出版之前也會經過編輯、校對和監修等等專家審閱。既然是工作要用到的資訊，要找可信度較高的來用。

選擇③【去圖書館查資料】💀💀

剛才我建議各位去找書籍，不要只在網路上蒐集資訊。因此，乍看之下這是一個非常好的選項……問題是，圖書館不見得有最新的書籍，況且有些圖書館借閱不易，你可能會浪費很多時間。

再者，明明是工作要用到的專業資訊，你卻不肯花錢找資料，只想用借來的書籍充數，也會給人不好的印象。

選擇④【詢問專家】☆☆

查證相關知識的專家，可以獲得更深入的資訊。選擇②或④其實差異不大，但直接去問其他人，跟你自己閱讀專業書相比，得到的資訊可能不夠客觀。況且，你要自己訂立企劃案，選擇②更有利於資訊活用，所以②的分數比較高。

有真材實料，講話才有說服力

根據我的調查，有八成的人都會選擇②。多數人都很清楚，只是上網查資料是不夠的。如果你選的也是②，那我還要再問你一個問題。

「**這一年內，你讀過幾本專業書籍？**」

讀不到三本的人，請反省自己平日找資訊的方法。要得到客觀知識，最少要讀三本相關書籍。首先，請閱讀該領域最暢銷的經典。接下來，去買見解完全不同的書籍。

歷久不衰的名著也該看一下。歷久不衰的名著不見得是暢銷書，關鍵在於歷久不衰。沒有真材實料的著作，會被時間淘汰，沒被淘汰的才是真正的好書。

蒐集資訊的方式，跟你獲得好評的訣竅也大有關聯。人在年輕時，要盡量多接觸真才實學，這樣的觀念非常重要。

現代人研究學問或專業知識，多半只會上網查一點粗淺的資料，就拿來現學現賣、誇誇其談。這種人是得不到信賴的，**你應該去請教專家，或是好好閱讀相關的專業書籍。蒐集資訊的基本功要做好，否則人家會看出你沒內涵。**

二十多歲憑著一股衝勁，對方或許會被你唬過，到了三十多歲這一套就不管用了。旁人一開始會稱讚你知識淵博，時間一久就會發現你沒有真才實學，評價就會一落千丈。**好好精研蒐集資訊的技巧，同樣有助於你提升評價。**

職場
神應對

拒絕一切沒有根據，缺乏可信度的資訊。

Q7

要提升職場好感度，哪一項才是關鍵？

① 幫「評價不高的人」說好話。
② 積極跟「評價極高的人」交朋友。
③ 跟「評價與自己相當的人」打好關係。
④ 與人相交不考慮評價。

這一題直接指出本書核心，個人評價和人際關係息息相關，關鍵就在於公平。

選擇①【幫「評價不高的人」說好話】

這一個選項乍看之下，似乎可以幫你提升評價。不過，我誠心建議各位不要這樣做。

那些評價不高的人，你做人情他們也不見得會注意到，搞不好還會忘恩負義反咬你一口。跟那種人相交本身就有風險。

因此，盡量不要跟「評價不高的人」來往。保持適當的距離感，以免被其他人當成同類。

選擇②【積極跟「評價極高的人」交朋友】

俗話說得好，近朱者赤、近墨者黑。跟高水準的人交朋友，你也會成為高水準的人；跟低水準的人交朋友，難免會身受其害。所以，選擇②是正確的決定。

可是，②並不是最棒解答。因為，如果你的職場好感度不夠，你沒辦法跟那些高評價的人對等交往。對方可能根本看不起你，或是你自己心生忌妒。旁人可能會把你當成一個蹭名聲的跟班。

選擇③【跟「評價與自己相當的人」打好關係】 💀

這個選項沒有不好，只是無法帶動你成長，因此略微減分。

選擇④【與人相交不考慮評價】 ☆☆

這一題最棒的答案是④，跟人交往不該只看評價。你應該公平對待大家，不要在意個人的評價。

公平和評價

如果別人認為你做人大小眼，交朋友還挑三揀四，你的信譽會一落千丈。至於你是懷著何種心思與人交往，反而不是這麼重要。**公平才是提升評價不可或缺的要素之一。**

講到公平，我想起一則難忘的故事。過去，我拜相聲名家笑福亭松鶴為師，這個故事是師母告訴我的。師傅每天都會接洽很多工作，行程也都是他老人家自己安排的。某一天，有人願花五十萬的價碼請師傅表演，不巧那一天師傅已經有其他演出行程了。而且是友情演出，沒錢可拿。

師母告訴我：「我們家那口子，人家捧著五十萬要給他，他竟然拒絕了。去了就有五十萬可拿吔，他也真是怪人。」

師傅講究先來後到的公平性，因此沒有接下酬勞五十萬的演出。可是，那個請師傅友情演出的好友，到處替師傅宣傳這一則佳話。

「那位松鶴大師重情不重利，真是個大好人啊。」

尤其，師傅為了友情推掉酬勞極高的工作，人們對師父的義舉是讚不絕口。**大**

家都想聽這樣的佳話，所以師傅的好名聲也傳遍大街小巷。師母雖然表面上抱怨，其實也是在替師傅宣傳。每次談到公平，我都會提起師傅的佳話。

到頭來，師傅的名聲越來越好，這個故事發揮很大的宣傳效果。說白了，這種廣告效果就不只五十萬。話雖如此，一念之差就少賺了五十萬，大部分人碰到類似的情況都會猶豫吧。

萬一師傅接下五十萬酬勞的演出，推掉了友情表演，下場會是如何呢？**各位別忘了，好事不出門，壞事傳千里啊**。不公平的舉措，肯定會降低信用和評價，最後失去人氣。

職場
神應對

待人處事要公平，太執著評價，反而會導致評價下滑。

Q 8

你參加職場研修時，上司說每天早上要大笑三聲。請問，你隔天會怎麼做？

① 不盲從上司，而是自己驗證效果，等確定有效再做。
② 先看其他人有沒有做，有效再跟著做。
③ 不想那麼多，做就對了。
④ 看上去沒有因果關係，懶得做。

這一題大笑三聲的效果純粹是幌子。如果你想獲得職場好評，跟上司建立好關係，那你有沒有信任上司呢？

選擇①【不盲從上司，而是自己驗證效果，等確定有效再做】

不輕信沒有證據或來源不明的資訊，乍看之下是很棒的選擇。從這個角度來看，這個選項也滿有道理的。不過，你的上司會做何感想？實事求是的確值得稱讚，但你的上司應該會不高興，難免會被扣分。

選擇②【先看其他人有沒有做，有效再跟著做】

這一個選項同樣也是實事求是，但還多了一個「觀望」的程序，這就不太妥當了。前一個選項至少是自己主動調查，而不是觀望其他人的結果。親自查證可以分辨真偽，獲得相關資訊，對你的助益更大。這個選項欠缺的就是這種態度，因此分數較低。

選擇③【不想那麼多，做就對了】☆☆

這比親自查證的選項更好，因為你願意乖乖執行上司的建議。上司看到你參加完研修課程，積極活用他教導的知識，一定會很高興。

有些讀者可能會想，萬一上司教的方法無效怎麼辦？不過，仔細思考一下，大笑三聲既不花時間、也不花錢。倘若別人提供的是可疑的健康知識，那你的確應該仔細查證。但這一題的情境是公司內部的研修課程，主講者是你的上司。況且萬一沒效，也沒損失。

綜合以上幾點，你應該乖乖照做才是。

選擇④【看上去沒有因果關係，懶得做】💀💀💀

這是最差的選項，理由應該不用我多說了。

如何讓人信任你？

誠如前述，大笑三聲有沒有效，並不重要，這一題是看你有沒有遵行上司的建議。你要先相信別人，別人才願意相信你。**你不先學著信賴別人，就很難獲得別人的信賴**。

我個人創辦的「橫山塾」，主要在教導學員們成功的哲學。橫生塾的初級課程都是一些理所當然的道理，只要肯付出行動就會有所長進，偏偏大部分的學生都不會乖乖實踐那些道理。

大家多看幾本成功人士撰寫的書籍，就會發現每一本的內容都差不多。因為成功的祕訣一點也不複雜。只是，**大多數人都不肯付出行動，所以才無法成功**。**正因為大家都沒做到，你做了才有效果**。

那麼，他們為何不願意付諸行動？首先，**那些人根本沒發現自己沒做到**。我曾經教職場新人，不管上司說什麼，一定要先說「是，我明白了」，之後再發表自己的意見。結果那個部下認為我的觀念有問題。

這個故事聽起來很不真實，卻是真的。也不是只有那個部下如此，大部分的人都沒注意到這個問題。請各位先留意這一點。

另一個不肯行動的原因是，實踐後的好處不明顯。我建議學員做的事情都很簡單，所以他們都懷疑是否真的有效。相信大部分人看了市面上的自我啟發書，也有類似的感想。不過，**再好的建議也要實踐才有用**。

我特地耗費篇幅講這件事，是有原因的。有時候，你需要明確的答案或建議，偏偏公司的主管和前輩都不肯告訴你。你知道為什麼嗎？因為他們覺得告訴你也沒意義。

俗話說得好，打是情罵是愛。上司會生你的氣，提供建議給你，代表他認為你是可造之材。相對地，萬一對方覺得你毫無前途，就懶得指點你了。**因為你在對方眼中，就是一個扶不起的阿斗——你失去了對方的信賴，連帶失去了成長的機會**。

聽完故事後，請各位回頭再看一次題目，你會做何選擇？

這個大笑三聲的方法，是我朋友推薦給我的。他本人在商學院擔任講師，每次上課都會推薦這個方法，可惜一班三十多個學生，只有一成的人願意聽。而那一成的人真的都成功了。

不願意嘗試的人都說，大笑怎麼可能改變生活？從這個例子我們不難看出，**虛心接受他人的建言，才是成功的必備素質**。

「這樣做真的有用嗎？」

「做這點小事，改變不了什麼吧？」

我明白各位有這樣的疑慮，但提供你建議的人，也有他們自己的脾氣。人家是為你好才指點你，你乖乖照做，對方才願意繼續教你。很多建議對你的職涯和工作有幫助，是你平日的言行拒絕了這些建議。

職場神應對

憨直做人，老實接受別人的建議吧。

第 2 章

良好人際關係的訣竅

好心提供建議，幫對方解決問題，
為何他反而埋怨你？

Q9	☆　　個	💀　　個	
Q10	☆　　個	💀　　個	
Q11	☆　　個	💀　　個	
Q12	☆　　個	💀　　個	
Q13	☆　　個	💀　　個	
Q14	☆　　個	💀　　個	✪　　個
Q15	☆　　個	💀　　個	

※ 測驗結果請回填此表，全書測驗完再參考終章。

Q 9

你跟上司A一起去喝酒，
他悄悄跟你說，他覺得你的後輩B話很多。
隔天遇到B時，你會怎麼做？

①直接告訴B，上司A嫌他話多。
②告訴B，你聽到有人嫌他話多，但不說是誰講的。
③直接告訴B，你認為他的話太多。
④不告訴B這件事。

☞ 選好答案後，請翻到下一頁（所有題目比照辦理）。

各位應該也有類似的經驗，你跟同事一起去喝酒，偷偷告訴對方一個祕密，結果隔天搞到人盡皆知。我們身旁都有一些口風不緊的人，這種人得不到信賴，評價也不高。

你以為說出來是為對方好，其實多半是多管閒事，保持緘默才最聰明。

選擇①【直接告訴B，上司A嫌他話多】

這是最糟糕的選項，你可能以為說出來是為B好，但我勸你最好不要這樣做。

任何人聽到這種指責都會很介意，尤其這番話出自上司口中，當事人會更加介意。說不定B會去問其他同事，自己是不是真的話很多。最後有可能傳入上司A的耳中。

上司A把他的心裡話偷偷告訴你，結果卻被其他人知道，他對你一定會產生不信任感，甚至生你的氣，倒楣的就是你。

選擇②【告訴B，你聽到有人嫌他話多，但不說是誰講的】

這個選項跟①不一樣，沒有把上司A抖出來，不過你以為這樣就不會被上司知道嗎？如果B很認真看待這件事，這件事還是有可能傳入上司耳中。若上司A跟B的關係尚可，B也許會直接跑去找上司A商量這件事。

到頭來，上司A同樣會懷疑是你洩漏祕密，所以千萬不要這樣做。

選擇③【直接告訴B，你認為他的話太多】

直接告訴B，你認為他的話太多，這樣上司A也不會埋怨你洩密。可是，除非你真心覺得B話多，不然這個選項也不利於你。口是心非的指責聽起來虛偽不實，B可能無法虛心接受指教，反而會埋怨你講話太惡毒，或是認為你故意找碴。

選擇④【不告訴B這件事】☆☆☆

指出對方的缺點，其實是為對方好，因此保持緘默多少有點薄情。不過，口風夠緊的你，評價才不會下滑，況且選擇④才不會破壞你和B的關係。

另外，根據我事前調查，有將近半數的人會選擇④，幾乎沒有人選擇①。可是，我接觸過兩萬名商業人士，很多人真實採取的行動都是①和②。前陣子，我才看到某個女職員到處嚼舌根，把課長告訴她的祕密洩漏出去。

多數人在洩密時，都以為自己是為對方好，他們不覺得自己是在打小報告。不過，這種行為只會惹人不快，連帶影響到自身的評價。當你想要為對方付出時，請站在客觀的角度思考，這麼做是不是真的為對方好。

面對祕密的處理方法

人類主要透過語言溝通，互相傳授各種技術和思維，好比躲避天敵的方法，或是如何採集有營養的食物等等。這也是人類得以昌盛的原因，從這個角度來看，口風不緊其實是人類的天性。

尤其當我們得知一件不能說的祕密，反而會特別想說出口。很多人就是犯了禍從口出的毛病，才影響到自己的評價。

我以前在某家公司服務，就碰過這麼一件事。公司會將重要公告寄送全體員工的信箱，偏偏有些員工從不仔細確認信件，寄再多次也沒用。員工沒看到，再重要的訊息也是枉然。

後來我想到了一個辦法，我找了幾個特別長舌的職員，把公司要傳達的事情告訴他們，並叮囑千萬不可以說出去。總之，我裝得一副很神祕的樣子，跟他們閒話家常。

最好笑的是，當天還沒有過完，所有員工都知道公司要布達的事情了。我只是改變一下傳達方式，訊息一下子就傳開了。尤其事關責罵、抱怨等負面的內容，消息會傳遞得更快。

所以，**當你在跟別人聊祕密時，千萬不能說出一些不該講的祕密。萬一別人告訴你祕密，你也不要說出去**。口風緊一點，你的評價自然會上升。

聊到負面話題時的留意點

特別要留意的是負面話題，人在潛意識其實是討厭那些對我們談起負面話題的人。所謂的負面話題包含了指責、逆耳忠言、責罵等等。

就算你是為對方好，也有可能得罪人，導致自己的評價下滑。因此，**負面的話題只在必要時提起，而且要盡量簡短**。

話雖如此，有時候我們難免會想找人商量問題，而那些問題多半是個人煩惱，內容也很難正面到哪裡去。這裡我告訴各位一個好方法。

如果你只是單純想抱怨，請慎選吐苦水的對象。重點是，**你吐苦水的對象跟你抱怨的人最好互不認識**。比方說，公司的怨言就跟公司外部的朋友說，上司的怨言就跟家人說，朋友的怨言就跟同事說。用這種方式，比較不會傳到本人的耳裡。

有些人覺得，對同事抱怨自己的上司，可以得到同事的共鳴。可是，萬一怨言傳入上司的耳中，會影響到上司對你的評價，可就得不償失了。

如果你找不到無關的人訴苦，請安排一對一談話的環境。接著告訴對方，這件事你只能找他商量。事先加上這一句開場白，而且又是一對一談話，對方會覺得自己責任重大。再者，因為你只找他商量，他會感受到你的信賴。**能夠得到信賴，沒有人不開心的**。

利用這樣的心理效果，對口風尚可的人透露祕密，比較沒有外流的風險。重點就是，**務必要在一對一的情況下，只對那一個人透露祕密**。人數一多，祕密外洩的機率就會增加，請各位千萬要小心。

職場
神應對

不要講一些自以為在循循善誘的話題。

Q⑩

有個在公司總是獨善其身，而且評價不佳的同事跑來問你，該如何改善自己跟上司的關係。你會怎麼做？

① 直接告訴他，他風評不好，勸他努力改善。
② 用婉轉的方式，讓他知道事實。
③ 就算你知道原因，也不告訴他。

上一節提到，就算是為了對方好，也不要提到負面話題。可是，這一次是對方主動找你，而且他本人十分在意。面對同事主動求教，你該如何回應呢？

選擇①【直接告訴他，他風評不好，勸他努力改善】 ☆

對方已經有接納建言、改善缺點的決心了，這時候你就該據實以告。不過，直接說出對方風評不好，是比較拙劣的方法。你應該動一點腦筋，用婉轉的說法降低對對方的傷害。

選擇②【用婉轉的方式，讓他知道事實】 ☆☆

②是最好的選項，當你要指出對方的缺點時，記得點到為止就好。講得太過火只會傷到對方的自尊，人家還會覺得你太苛薄。

選擇③【就算你知道原因，也不告訴他】

對方是信任你才找你商量，你在這種情況下保持緘默，就是背叛對方的信賴。再者，當事人得不到解答，說不定會跑去問其他同事。萬一其他同事據實以告，對方可能會認為你知情不報，很不夠意思。

建言的好壞會影響到職場信用

職場走跳，我們難免會想提供建言，別人也會跑來徵詢我們的意見。不過，提供建言時務必小心謹慎，**這不僅會影響到你的信用和評價，也會影響到你跟對方的人際關係。**

以下歸納三個可以提供建言的情境。

〈你該提供建言的場合〉

．對方跟你有上下關係，好比你們是上司和部下、前輩和新人等等。
．對方主動找你商量問題。
．不怕失去地位、不怕失去信用、不怕破壞人際關係的情況下。

第一點，如果你身為上司或前輩，那麼提供建言就是你的義務。相信對方也明白這一點，也做好了接受建言的心理準備。可是，提供建言的時機要注意，不要在對方毫無心理準備的情況下，冷不防地提出建言。

第二點就是前面提過的，對方也做好了接納建言的準備，你應該配合對方的提問內容，說出你的意見才對。

第三點各位可能會覺得太誇張，但我並不是在嚇唬各位，這是一個需要嚴肅以對的問題。

中國古籍有云，對君主或上官提出建言，要有死諫的覺悟。君王或為政者也有做錯事情的時候，要點出他們的缺失，真的要做好受死的心理準備。

小說和電視劇裡，君王多半有雅量接納建言。其實這種情況非常少見，現實生活中上位者聽到建言只會感到不高興，尤其你講得越有道理，對方就越不高興。古籍是在告訴我們，冒死建言有被下放或處刑的風險，但為國為民者還是應該死諫指出對方的缺失，就是有這麼大的風險。

我有一個朋友就沒處理好這種問題，請大家把他當成負面教材。

A和B是好朋友，他們一起參加某個團體的講座。講座的費用頗高，還要支付昂貴的活動費和資材費，旁人對那個團體的評價不高，於是A不再參加講座。B還是跟以前一樣熱衷參與講座，A在離開前好心勸誡B。

「我跟你說，你被騙了，那種講座不要再參加了。」

A認為摯友被無良的奸商騙錢，他有義務提醒對方。不過，A好心提供建言，B卻選擇跟他絕交。後來，A多次想跟B聯絡，對方卻始終不願回應。一對人人稱羨的好朋友，最後卻走到這樣的地步。

「那時候，我到底該怎麼幫助B，他才會脫離那個團體？」

A跑來問我這個問題，遺憾的是A根本幫不了好朋友。**沒有做好準備接受建言**

的人，不可能改變自己的想法。除非B自己有意退出，否則A講再多都沒有用。A雞婆提供意見，B反而會故意唱反調，更積極參與騙錢的講座。

兩人絕交後，A還是很掛念B。他認為好朋友應該直言不諱，這才是真正的友情。可惜現實生活中，說出對方不想聽的建言，對誰都沒有好處。**真的為朋友著想，就該等朋友主動求救。等對方真的來請教問題的癥結，記得點到為止就好。**

比方說，好友跟品行低劣的異性交往，你要等他自己察覺問題。或者，你發現好友常在背地裡扯其他同事的後腿。這時候，你要等他發現自己被其他同事孤立。

切記，千萬不要直接點出對方的問題，也不要教對方該怎麼做。

職場神應對

對方主動求教，記得用婉轉的方式指出對方的缺失。

Q 11

今天是你跟A約好要聚餐，B突然邀請你一起吃飯。B是你一直很仰慕的對象，錯過這一次也許就沒機會了，這時候你該怎麼做？

①遵守先來後到的規矩！拒絕B的邀約，跟A一起吃飯。

②這是難得的機會，老實告訴A，並和B一起吃飯。

③騙A你有緊急的工作要處理，跟B一起吃飯。

看到這一題，相信大多數人馬上就知道該選哪一個。問題是，你景仰的對象難得邀請你一起吃飯，你會拒絕嗎？

以下就介紹上善之策，以及等而下之的策略。

選擇①【遵守先來後到的規矩！拒絕B的邀約，跟A一起吃飯】☆☆

這是最好的選項，就算是喜歡的對象突然聯絡你，你也該遵守先來後到的規矩。連這點做人的道理都不懂，不可能獲得上司的青睞。

選擇②【這是難得的機會，老實告訴A，並和B一起吃飯】☠☠☠

有幸跟B一起吃飯，這對你來說是難得的好機會。不過，B這個人再怎麼了不起，也挽救不了你在A的心目中地位驟降。

況且，這個選項最大的問題是，你會害A的自我肯定感（詳見三十三頁）大幅下滑。你不只突然取消約定，還傷害了A的自尊，這是最糟糕的選項。有這種想法和作為的人，不可能獲得旁人的好評。

選擇③【騙A你有緊急的工作要處理，跟B一起吃飯】☆

選這個選項的人就是騙子。不過，只要A認為你臨時變卦是出於無奈，倒也不會有太大的問題。比方說，臨時碰到不得不處理的工作，或是親戚過世都屬此類。可是，這種謊言還是少用為妙，一輩子頂多用一次就好。像我朋友經常拿親戚去世當藉口，後來其他人就嗆他，到底有多少親戚去世？

這會嚴重傷害到個人的評價。

「誠懇做半套」和「謊話沒說好」都會破壞人際關係

這一題的答案顯而易見，就是要**遵守先來後到的約定**。我之所以提出這個毫無難度的問題，是想告訴大家，**老實不見得是好事**。以這一題為例，有時候說謊反而是體貼。偏偏有人還是會傻傻地據實以告，我講一個故事給大家聽。

有一天，我搭電車準備去跟C吃飯。結果C突然打電話給我。

「有知名的大老闆找我吃飯，今天的飯局可以先取消嗎？」

聽他說得這麼直截了當，我真的非常火大。當然，那一天的飯局取消了，後來我也沒再跟那個人聯絡。

老實說，自己仰慕的人突然提出邀約，確實是不該錯過的好機會，我也不敢說自己一定會遵守先來後到的規矩。坦白講，有些了不起的大人物，我寧可違背先來後到的規矩，也要去見上一面。

不過，**你要取消約定，說法好歹要婉轉一點**。像C那樣，老實說出自己接到貴人邀約，而且不想放過這個機會，這種說法人家只會覺得你勢利眼。就算雙方只是私交關係，對方也不會想再跟你見面。

因此，**真要取消約定，請假裝你是情非得已**。你要讓對方知道，你真的有無法推辭的事情要處理，絕對沒有輕忽彼此的約定。從這個角度來看，臨時有工作要處理，或是親戚去世算是比較常見的藉口。

你要用親戚去世當藉口，請好好確認一下曆法。有些不好的日子喪家不會舉辦守夜或告別式，不同宗教也有不一樣的忌諱。萬一對方察覺矛盾，你的謊言就破功了。至於結婚典禮是事先安排好的，沒辦法拿來當藉口。

再者，萬一貴人把你們的飯局ＰＯ上網，你的謊言照樣會被揭穿。若你不惜跨越重重障礙，也要去見貴人一面，那好歹編個像樣一點的謊言。

最後，我再補充一下取消約定時該注重的禮儀。盡快告訴對方你要取消約定，是最重要的大原則。Ｃ一直等到我出門搭車才聯絡，這是最差勁的做法，肯定會得罪人的。

順帶一題，有些人取消約定以後，會答應補償對方。可是，**違背約定的人沒有下次機會是應該的**，說要補償對方未免太過厚顏。切記，做這種事你連補償對方的機會都沒有。

職場
神應對

不要打破約定，萬一真的情非得已，說謊務必滴水不漏。

Q 12

你擔任部門例行會議的司儀，希望新進員工踴躍發言。無奈對方的發言並不踴躍，不曉得是不是緊張的緣故？這時候你會怎麼做？

① 說出自己的失敗經驗，好比以前還是菜鳥時話太多被上司責罵。

② 說出同事的失敗經驗，好比某人以前還是菜鳥時，話太多被上司責罵。

③ 鼓勵新人踴躍發言，並說自己以前還是菜鳥時，想說什麼就說什麼，不需要多餘的顧忌。

④ 告訴新人，現在的年輕人都有不錯的點子，對提案有幫助，請他務必提供一些嶄新的想法。

你拋磚引玉的技巧會影響到會議的氣氛，也關係到新人能否暢所欲言。那麼，你該怎麼做，新人才會暢所欲言呢？

……………

選擇①【說出自己的失敗經驗，好比以前還是菜鳥時話太多被上司責罵】 ☆☆☆

這是打開話匣子的最好方法，對你個人的評價也最有利。說出自己的失敗經歷，可以緩和會議的氣氛，新人就能放鬆。

選擇②【說出同事的失敗經驗，好比某人以前還是菜鳥時，話太多被上司責罵】 ☠☠☠

同樣是談論失敗的經驗，我建議各位最好不要談論別人的。新人只會覺得你在說其他人的壞話，對你產生不信任感。這會害他們投鼠忌器，擔心自己做錯事、講錯話被罵。

選擇③【鼓勵新人踴躍發言，並說自己以前還是菜鳥時，想說什麼就說什麼，不需要多餘的顧忌】

這種話看似鼓勵，實則非常傲慢，新人也很難踴躍發言。對方可能會覺得你是一個喜歡自吹自擂的人，對你的評價也有不良影響。

選擇④【告訴新人，現在的年輕人都有不錯的點子，對提案有幫助，請他務必提供一些嶄新的想法】

直接徵詢對方的意見並無不妥，但新人聽到這種話，只會覺得壓力很大，根本不會有暢所欲言的心情。

用「失敗經驗」拉抬身價

談論個人的失敗經驗，會給人一種不可靠或丟人的印象，很多人擔心這樣做會降低自身的評價。不過，這要看你怎麼用。**放下自尊說出自己的失敗經驗，雙方的**

關係會更緊密。尤其當成笑話來講，還能緩和現場的氣氛，刺激對方挑戰的欲望。

然而，在這種場合談論失敗的經驗，必須留意一點。當你過度談論失敗的教訓時，聽起來像在說教，容易給人嘮叨不休的感覺。請注意不要偏離原本的目的。

職場
神應對

談論自己過去失敗的經驗，緩和現場的氣氛，博得大家的信任。

Q⑬

以下四個閒聊話題，哪一種可以幫你博得信賴？

①「今天有夠熱的！」

②「那個誰（某個鬧出緋聞的藝人）有夠慘的呢。」

③「你之前說去打高爾夫，結果如何？」

④「你的包包真好看，在哪裡買的？」

我們在判斷對方人品時，會下意識地觀察「連貫性」，這一題探討的就是「連貫性」。在閒聊的時候，以一貫的態度和對方交談，容易得到對方的信賴，進而提升你的評價。

選擇①【「今天有夠熱的！」】☆

很多商管書說，聊天氣的話題很不入流。不過，天氣和氣溫這一類的話題，既不會得罪人，又容易帶動共同話題，不必擔心留下壞印象。一直聊天氣當然不太好，但用來打開話匣子挺不錯的。

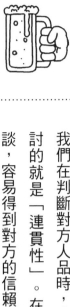

況且，聊天氣的話題還有另一個用意，向對方表明你沒有敵意，想建立好關係。天氣是關係到農作收成的一大要素，古往今來是社群中相當重要的共有資訊。

選擇②【「那個誰（某個鬧出緋聞的藝人）有夠慘的呢。」】☠☠☠

這種談話性節目也在聊的話題，用來當閒聊的談資是沒什麼不好。可是，一個不小心也是有風險的。

當媒體開始批判某個人事物，輿論也會被影響，連帶整個社會一同批判。網路社群平台就是如此，你看到網路上充滿批判性文章，就會陷入一種全世界都在批判的錯覺。然而，名人總是有一群死忠的支持者，萬一對方正好是死忠的粉絲，你可就踩到地雷了。

選擇③【「你之前說去打高爾夫，結果如何？」】 ☆☆☆

從「連貫性」的觀點來看，這是最好的選項。因為對方上一次聊高爾夫，結果你還記得那個話題，而且還願意繼續聊下去。這種用心耕耘的話題，會博得對方的信賴，進而提升你的個人評價。

選擇④【「你的包包真好看，在哪裡買的？」】 ☆☆

稱讚對方是非常有效的話題，沒有人會討厭讚美，因此這個選項也無不可。

只是，讚美比「連貫性」的話題更講究技巧，你的稱讚不能了無新意。如果對方以前就用過那個包包，而你一直到現在才稱讚，也會讓人覺得奇怪。稱讚的技巧不好，人家反而會認為你巧言令色。另外，稱讚女性的容貌漂亮，也有性騷擾的風險，最好還是謹慎為宜。

真要稱讚的話，請稱讚對方的持有物品或家人。這比起直接稱讚對方更有真實性，人家聽了也比較高興。

小心閒聊地雷

前面介紹過②的風險，其實我以前就踩過類似的地雷。

有一次，各大媒體紛紛譴責某位政治人物。我沒有支持特定的政黨，對那一位政治家也沒啥意見，純粹是剛好看到那一天的新聞，就跟著嫌棄兩句，想要找個話題聊而已。沒想到，現場的氣氛變得很糟糕。

為什麼一句無心之言，會造成那樣的後果呢？主要是我講的地點和對象有問題。當時我在那位政治人物的家鄉，而我事後才知道，那一天跟我對談的人，曾經當過那位政治人物的選舉幹事。我們吃飯的地方，店主也加入那位政治人物的後援會。難怪我會得罪人，那一次經驗讓我深切反省自己。

像這種好惡分明的話題，容易刺激到對方的敏感神經，能不聊就不要聊。

何謂「連貫性」？

回頭來談這一題真正的含意，這一題的重點在於「**連貫性**」。換句話說，**你的行為跟以前相比如何？言行是否一致？這些都會影響到大家對你這個人的評價**。

我在二十八頁提到，偶爾遲到一次不會降低你的評價。不過，前提是你平常做事一絲不苟，而且很有時間觀念。久久遲到一次，你的評價也不會立刻翻轉。

同樣的道理，只做過一次好事，自然無法提升你的評價。比方說，很多溝通術的書都寫道，溝通時要保持笑容，並且專心傾聽。這些訣竅自有其道理，但也要持之以恆才有意義。**如果你做好事還要看心情，或是在有利可圖時才做，只會有反效果**。搞不好人家會覺得你不值得信任。

又譬如，某天丈夫買禮物犒賞平日辛勞的妻子。然而，丈夫平日不懂得表達感激，就算當天是紀念日，妻子也會懷疑丈夫是不是做了虧心事，搞不好還會懷疑丈夫外遇。

所以，**關鍵在於態度是否一致**。在夫妻關係中，連貫和一致性也是重要指標。你的行為舉止啟人疑竇，就代表你的行為缺乏一致性，得不到旁人的信賴。

你的評價不會受到一、兩件小事影響，大家看的是一致性。即使你做的是一件好事，只要那件好事不符合你平常的作為，大家就會覺得可疑。持續貫徹到底，才會顯示你表裡如一。

那麼，要提升個人評價，該採取哪些有連貫性的作為呢？所有的答案就在這本書裡，請各位詳加閱讀，養成一貫的美德吧。

職場
神應對

記住對方之前說過的話，容易博得好感。

Q 14

你忙著處理急務，上司又在這時候交辦工作，你該如何回應？

① 實在太忙了，萬一處理不好只是給上司添亂，所以直接表明你沒辦法。

② 告訴上司你忙碌的原因和狀況。

③ 二話不說接下工作。

這一題的重點，不在於你能否如期完成工作，也不在於你能否替上司分憂解難；而在於你的反應會帶給上司什麼樣的情緒。請不要忘記，日常生活中的言行舉止，都會影響到你的個人評價。

選擇①【實在太忙了，萬一處理不好只是給上司添亂，所以直接表明你沒辦法】

真的很忙的情況下，你必須說明自己當下的狀況。不過，上司跑來交代工作，你一下就拒絕對方，上司肯定會不高興。

上司一旦不高興，對你的評價也不會好到哪裡去。因此，這一個選項不行。就算你的上司再有雅量，也不該用這種方式回答。

選擇②【告訴上司你忙碌的原因和狀況】

前一個選項我也說過，直接拒絕會影響你的評價。雖然這個選項同樣是拒絕，至少講法婉轉。可是，這兩個選項得到的評價差異不大，說明現狀或許上司會體諒你，但對方同樣不會高興。上司要交代任務卻被拒絕，不可能還和顏悅色。

選擇③【二話不說接下工作】

不管在何種狀況下，先答應上司幫忙。會選擇這一個選項的人，在這個情境中，職場好感度非常高。這種人不必旁人指點，早晚都會成功。這一題直接選擇③的人，只要維持原來的言行舉止，一定會得到極高的評價。至於其他題目的成績如何，反倒不是那麼重要。

反過來說，乖乖遵從上司的指示，是提升個人評價的捷徑。只是，按照我個人觀察，能做到這點的社會人士，頂多只占百分之〇．二——也就是五百人中只有一人。而那百分之〇．二的人通常年紀輕輕就位高權重、功成名就。

所以，請先從遵照上司的指示做起。只要你做到了八成，剩下的兩成即使拒絕也不會影響到你的好評。

如果你每一次都遵從上司指示，卻遲遲得不到上司的好評，那代表上司並沒有察覺到你的誠意。可能你的表情、聲音和說話方式，有些心不甘情不願吧。這樣你的順從效果會大打折扣，請好好反省一下自己平日的言行。

人看重的終究是感情

這一題算是陷阱題。很多商管書都說，上司的目的是要你完成工作，因此遇到困難要講清楚，不要隨便答應你辦不到的事。

然而，上司也是人。請你先放下工作期限或工作量的問題，思考一下上司的情緒。假設你是上司，你交代部下做一件事情，部下卻直接拒絕你，請問你內心做何感想？

反之，**部下先一口答應，再說明目前遭遇的困境，上司的情緒就比較不會受到影響**。接下來，你可以詢問上司，可否先完成手頭上的工作，再來處理交辦事項。

如果上司很急的話，自然會找其他人幫忙；不急的話，上司自然會給你時間處理。換一個說法，你就能獲得上司的諒解，又不得罪人。

你也可以提供選項，讓上司選擇。比方說，先答應上司的要求，接著再問上司，應該先處理手邊的作業？還是先處理他交代的工作？

也就是交給上司選擇，你不必自己決斷。同樣是告訴上司你很忙，但這種說法不會得罪上司，上司也能做出冷靜的判斷。

簡單來說，**就是換一下表達的先後順序**，內容本身沒有太大的差異。可是，這點小事足以影響人際溝通，以及之後的評價。因此，**一開始先答應幫忙，不要一秒拒絕對方。之後再說出你的難處，才是最聰明的做法**。

職場神應對

先答應幫忙，接著再商量處理辦法。

Q15

最近你跟直屬上司處不好，你想改變現狀，請問該找誰商量？

① 聊得來的同事。

② 其他部門的上司或前輩。

③ 上司本人。

很多人都有跟上司溝通不良的問題，只是不到關係險惡的地步。
這時候，該找誰商量才能改變現狀？

選擇①【聊得來的同事】

同事是最好商量的對象，但我並不推薦這個選項。找同事商量，頂多就是找個人一起說上司的壞話，很難得到有益的建言。

發洩也改善不了你跟上司的關係，況且好事不出門、壞事傳千里，壞話一傳出去還會使彼此的關係惡化。真想改善關係，請避免這樣做。

選擇②【其他部門的上司或前輩】

跟其他單位的人抱怨自己的上司，比較不會傳出閒言閒語。從這個角度來看，這個選項比①好多了。問題是，這個選項也很難改善彼此的關係。

其他單位的上司或許會助你一臂之力，但考量到謠言滿天飛或以訛傳訛的風險，最好還是不要這樣做。

選擇③【上司本人】☆☆

這個選項乍看之下並不聰明，其實是最好的選項。如果你跟上司溝通有問題，直接找上對方是最快的方法。

正常的上司不會拒絕跟部下溝通。你覺得雙方溝通不良，上司也會有同樣的感想。直接打開天窗說亮話，相信上司也不會不高興。

再者，你可以請教上司如何改善業績，用這種方式提升對方的自我肯定感，你的評價也會跟著提升。

反正雙方的關係本來就不好，失敗了你也沒損失——成功的話就算賺到了。請抱著這樣的心態，直接找本人商量吧。

解決人際問題的關鍵在於商量的對象

上司和部下之間的人際問題，多半源於溝通不足。當雙方的關係出了問題，直接找對方溝通，可以搞清楚彼此的主張和需求，順便解開雙方誤會，對改善關係有幫助。話雖如此，平時上司工作繁忙，一般人都不好意思找上司商量。

不過，請你試著想像一下。假設今天有外國人找你問路，你會想辦法帶對方前往目的地對吧？做了好事以後，你會有一種非常愉悅的感覺。

看到有困難的人，我們都會想要幫助對方，給予親切的指導。而且，你去找上司是要改善彼此的關係。

這麼積極正面的話題，相信上司也不會拒人於千里之外。

懂得察言觀色的人，會顧慮對方的感受，不敢直接採取行動。

然而，你真的去找對方商量問題，其實對方會覺得很高興。別懷疑，商量就是有如此神奇的效果。

這裡我舉的例子是部下找上司商量，其實也可以反過來，上司去找部下商量，或前輩去找後輩商量，這都有助於提升個人評價。

身居高位的人，通常比較不會找部下或後輩商量。或許是自尊心作祟，有問題也不敢說出口吧。

不過，**從部下的角度來看，上司紆尊降貴來請教自己，部下會覺得備受尊重**。這有助於提升對方的自我肯定感，切記，自我肯定感是本書一再宣揚的關鍵。

松下電器的創辦人松下幸之助，就是一個出了名的提問魔人。據說，每次孫子帶朋友回家玩，他就會問孫子的好朋友一大堆問題。

「現在學校怎麼樣？」

「你們年輕人對什麼感興趣？」

而且一問就是兩、三小時起跳，偉大如松下幸之助，也不吝於向孩子請教。**經營之神都願意紆尊降貴了，你為何做不到？**

求教和商量問題或許稍有不同，但不管是哪一種，關鍵都在於談話的對象。找對人，你才會獲得有用的建議，談話也才有預期的效果。找同事對談比較沒壓力，只是這樣你很難獲得好的評價。

職場
神應對

找其他人商量只是在吐苦水，找本人商量才是真正解決問題。

第 3 章

讓上司喜愛的訣竅

同樣是犯錯找理由，
為何有人安然過關，有人被罵翻？

Q16	☆ 個	💀 個
Q17	☆ 個	💀 個
Q18	☆ 個	💀 個
Q19	☆ 個	💀 個
Q20	☆ 個	💀 個
Q21	☆ 個	💀 個

※ 測驗結果請回填此表，全書測驗完再參考終章。

Q 16

你負責的客戶遲遲不肯簽約，上司追問你簽約進度，你會如何回報？

① 先向上司道歉，誠實說出目前遭遇的困難，保證之後會再接再厲。

② 先向上司道歉，直接表明自己還沒簽下客戶。

③ 表明自己按照上司的指示，多次和客戶商談，客戶似乎有意簽約，但一直沒有通過最後的審議。

☞ 選好答案後，請翻到下一頁（所有題目比照辦理）。

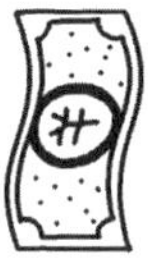

這一題不管如何答覆，都無法改變商談不順的事實。那麼，該怎麼跟上司回報，才不會影響你的評價？先搞清楚上司要的是什麼，你就知道答案了。

選擇①【先向上司道歉，誠實說出目前遭遇的困難，保證之後會再接再厲】

這一個選項是先老實道歉，再向上司表明你會努力簽下客戶。乍看之下是好答案，其實這個選項不行。確實這樣回答不會給人壞印象，但你可能會誤導上司。上司純粹是想知道當下的狀況，正確傳達現狀，遵循上司的判斷才是正道。

選擇②【先向上司道歉，直接表明自己還沒簽下客戶】

這個選項看起來比①差，說明似乎不夠充分，但這樣就夠了。上司工作繁忙，沒那個閒工夫聽你瞎扯藉口，等上司問你理由，你再說明就好。

選擇③【表明自己按照上司的指示，多次和客戶商談，客戶似乎有意簽約，但一直沒有通過最後的審議】

這是最糟糕的選項，首先找藉口會給人不好的印象，而且不夠直截了當，上司也聽不懂你在講什麼。因此，這一個選項最糟糕。

道歉方式也會影響評價

這一題的情境是，你沒有達成上司交代的工作。然後，上司追問你工作進度，你只好先道歉。

平常我們遲到時，也會習慣先找藉口，好比班次誤點、路上塞車等等。切記，千萬不要找藉口，先道歉再說。

為什麼千萬不能找藉口？因為人是喜歡找藉口的動物。我們潛意識都害怕失去信用，**所以在不得不道歉的場合，也會想要塑造出一種「情勢所逼、非我之過」的氛圍**。於是，就會替自己找藉口了。

我有個部下很喜歡替自己找藉口。有一次我聽他講完一大堆藉口，問他是不是認為自己完全沒犯錯。結果，他真的不認為自己有錯。

我接著問他，沒人犯錯，那錯誤是憑空發生的嗎？不料，那個部下大言不慚，竟然真的說錯誤是憑空發生的。我聽了差點沒從椅子上摔下來。那個部下回到位子後，也繼續跟其他同事辯解自己沒有犯錯。

看到那個光景，我真的不曉得該說什麼。很多人以為這只是笑話，但各位在處理工作時，應該也犯過類似的錯誤吧。

你替自己找藉口，還講得理直氣壯，就算你覺得自己的道理站得住腳，別人只會認為你無心反省，更沒有打算改進。這種人是不可能獲得高評價的。

那麼，在不得不道歉的時候，到底該怎麼做？**首先，先承認自己做錯了**，直接表示「真的非常抱歉」。

接下來，**你要正確說明當下的狀況**，盡可能不帶主觀色彩。比方說，你選擇①雖然可以表達自己的幹勁，但上司聽了你的說明，無法正確判斷情況到底還有沒有救。萬一情況已經沒救了，部下卻不願放棄，上司也不好意思拒絕吧。然而花時間在不願簽約的客戶身上，對組織是一大損失，根本划不來。

按照②那樣正確傳達事實，尋求下一步指示。之後，請上司再給你一次挑戰機會。如此一來，上司就會感受到你的幹勁。

有錯就先道歉，不要找藉口，一五一十把事實說出來。其實要做到這一點並不容易，只要你真的做到，上司就會體諒你，認為你的失敗是情非得已。這種人就算犯了錯，評價也不會受到影響。

職場
神應對

坦承實情，不要找藉口，自然會得到他人的諒解。

Q 17

與跟客戶簽約完了，卻忘了請對方用印，這時候你該怎麼辦？

①先跟對方道歉，坦承你忘了請對方用印。

②先說對方忘了用印，而你也忘了確認，之後再請對方用印。

③先說不是你堅持用印，而是公司的財務同仁堅持用印。接著敲定再次拜訪的日期，懇請對方用印。

不要以為這題很簡單，請好好思考一下，你平常是怎麼做的。

選擇①【先跟對方道歉，坦承你忘了請對方用印】

跟上一題一樣，先道歉就對了！不小心犯錯了，誠懇應對是最重要的原則。應對得當的話可以消除對方的壞印象，說不定人家會覺得，你是個勇於認錯的好人。

選擇②【先說對方忘了用印，而你也忘了確認，之後再請對方用印】

這是最要不得的選項，因為你把錯怪到別人的頭上。講句難聽一點的，選②的人不是一個成熟的社會人士。你說自己也忘了確認，乍看之下在情在理，其實純粹是藉口。當然，對方也許會坦承自己也有錯，但這種推諉卸責的做事態度，無法提升你的評價。

選擇③【先說不是你堅持用印，而是公司的財務同仁堅持用印。接著敲定再次拜訪的日期，懇請對方用印】

③聽起來好像合情合理，除了這個情境以外，各位可能還會碰到下列情境。

・你本來以為有電子檔就夠了，結果一定要有書面文件。

・對方用雲端空間傳送檔案，你忘了下載檔案，連結也過期了。

遇到這些狀況，你不免會想要找藉口開脫。

把問題推給你公司的財務負責人，對方只會覺得，那是你的問題關我屁事？用這種說法得不到正面的評價。

看似合理的藉口，都有可怕的副作用

這一題是我以前碰過的實際經歷。有一次我跟某經營顧問對談，對方事先要求我帶印鑑，我也帶了。我們按照原定計畫結束對談，當天卻沒有簽名用印。那一位顧問似乎忘了準備文件。

隔天，他傳簡訊告訴我。「檔案我傳送給您了，請您列印下來後簽名用印，再寄回來給我。」我反問他，「這不是昨天就該簽名用印的嗎？」

他回我，「半年前我們也簽過同樣的文件。為求慎重起見，我是打算先重新看過一遍，等確定沒問題再請您簽名用印……」

半年前簽的完全是不同的文件，他找的藉口未免太牽強。況且，真有必要確認文件內容，也應該事先確認好，而不是直接叫我帶印鑑赴會，這根本說不過去。

列印文件簽名用印，這件事本身並不困難，我馬上就能處理好。可是，他那種理所當然還死不認錯的態度，實在令我火大。於是我又問他。

「請問上一次的文件要確認什麼？根本是你忘了簽名用印吧？」

結果那個人又顧左右而言他，最後我直接請對方公司換一個人跟我接洽。

平日工作犯錯是在所難免的，好比我舉的這個例子，只要對方誠心道歉，做出有誠意的應對之舉，例如把文件寄過來，附上回郵信封，我簽名用印後直接投到郵筒就好，根本不會搞出後面的問題。**可是，那個人不斷找藉口，最後就失去了合作的機會。**

後來我才聽說，他也曾經犯過同樣的錯誤，被其他的客戶取消合約。**正所謂見微知著，他並不是只對我失禮，而是對每一個客戶都那樣。**

犯一點小錯大家都以為能得過且過。因此，請各位務必小心謹慎。

職場
神應對

犯了小錯也要好好道歉。

Q 18

你接到客訴電話，對方正在氣頭上，還叫你主管出來！請問你會怎麼做？

① 按照對方要求，轉接給上司。
② 表明上司不在，試圖蒙混過關。
③ 表明你是客訴負責人，有問題你會處理。

就算你不是專責處理客訴的部門，也有可能突然接到客訴電話，而且對方還會要求你的上司出面對談。這種情況下，相信你也想趕快轉接給上司。不過，你採取的行動對你的評價會有很大的影響。能否出人頭地，就取決於你的應對方式了。

選擇①【按照對方要求，轉接給上司】

看起來這是妥善的應對方式，但在現階段，你無法判斷該不該交給上司處理。搞不好對方只是一時火大，才會叫你的上司出面。因此，現階段轉接給上司還太早，上司可能會覺得這點小事你處理就好，不要麻煩他。

選擇②【表明上司不在，試圖蒙混過關】

這一個選項其實不差，既不會失去上司的信賴，幸運的話也許對方會先冷靜下來，擇日再聯絡。

那麼，為何這個選項的分數不高呢？因為當你說出這一句話，就代表你心存僥倖。詳情容我稍後說明，只要你想把問題推給別人，就很難度過眼前的危機。

選擇③【表明你是客訴負責人，有問題你會處理】☆☆☆

這個選項證明的是，你有獨力解決問題的堅強意志。首先，遇到問題要試著靠自己的力量解決。

只要你把自己當成客訴負責人，誠心跟對方道歉，仔細聆聽對方的難處，並且表現出同理心，問題就可迎刃而解。萬一對方是惡質奧客，或者客訴問題與你完全無關，那就需要其他處置方式了。

客訴與信用

有本事處理好客訴的人，能夠迅速獲得極高的評價，這是有原因的。

第一，處理客訴要面臨極大的壓力，還會浪費寶貴的時間。找得到其他人處理的話，沒有人想自己攬下來。可是，你不想處理客訴，其他同事也一樣不想處理客訴。因此，**勇於攬下麻煩事的人，容易得到旁人的支持和評價**。這跟四十三頁的情境，誰先起身接電話是一樣的道理。

①是馬上交給上司處理，上司只會認為你把麻煩的工作推給他，感受不到你自告奮勇處理客訴的決心。所以，這一個選項大大扣分。

話雖如此，各位可能擔心自己能否處理好客訴。萬一是我方理虧，好比商品有缺陷、說明不夠充分、應對有誤等等，那當然需要做好妥善處置，最好要交給相關的負責人處理。

可是，多數打電話來罵人的，只是想要一個宣洩情緒的管道。比方說，有一間神社號稱非常靈驗，結果接到了信眾的客訴電話。

「我去你們神社參拜，香油錢添了五千元吔！結果根本沒有心想事成啊！叫你們負責人出來啦，我要求退費！」

後來，接聽電話的人專注聆聽、細心應對，對方終於按下怒火，主動道歉。

「不好意思啊，讓你聽我抱怨。」

如果那個接聽電話的人，真的找上司來處理，上司肯定對他有不好的印象。主動出面處理問題、解決問題，這種人在職場上才會獲得信賴。

接到客訴電話時，先讓對方把想講的話說完，保持傾聽態度。人類的怒火通常不會持續太久，罵人總會有結束的時候。況且，大家都希望有人聽自己訴苦。傾聽者會給人一種親切、善良的印象，這時候你再主動關心對方。

「有什麼我幫得上忙的地方嗎？」

對方的怒火自然熄滅，像那種要求歸還香油錢的案例，也多半能用這樣的方式順利解決。

我問過處理客訴的專家，當消費者打來抱怨商品有缺陷時，他們會刻意用誠惶誠恐的語氣致歉。

「咦？我們的產品有問題是嗎？真是不好意思！」

萬一對方抱怨產品出問題，害他們蒙受損失或浪費寶貴的時間，專家還會用消沉的語氣道歉。

「是這樣啊……真的非常抱歉……」

這兩招交互應用，多數的客訴都能化險為夷。另外，千萬不要在對方說話時打岔，這樣對方會更加火大。

這裡介紹的是一般的客訴情境，倘若對方語帶威脅，甚至提出了過分的要求，請立刻採取相應的措施，不要一個人單打獨鬥。

職場
神應對

己所不欲，勿施於人。

Q 19

新人處理帳務出問題，而且以前也犯過同樣的錯。
身為上司或前輩，你會如何面對對方？

① 責罵對方，書都唸到哪裡去了？
② 責罵對方，為何老是犯錯？
③ 告訴對方，帳目寫錯一位數，要仔細檢查。
④ 告訴對方，帳目寫錯一位數，上司非常介意。

這個問題還牽涉到職場霸凌，請不要以為這一題很簡單，而是要仔細思考一下，當你平日忙於工作心情不好的時候，是用什麼口氣說話的？

選擇①【責罵對方，書都唸到哪裡去了？】

對方求學的經歷跟當下的狀況沒有關係，就算對方是商學院或會計科系出身，你也沒資格那樣罵人。

會這樣罵人，代表你有不理性的憤怒，所以才會講到對方的學經歷或出身。這種責罵方式已經是職場霸凌了，不只會危害到你的評價，連你的地位都將不保。

選擇②【責罵對方，為何老是犯錯？】

這也是上位者常用的責罵方式，雖然這算不上職場霸凌，但是少用為宜。也許你真的認為對方很常犯錯，但對方聽了不會虛心反省。這種對人不對事的責罵方式，只會讓對方心生不滿。請明確指出對方在何時犯了哪些錯誤，這樣才有意義。

選擇③【告訴對方，帳目寫錯一位數，要仔細檢查】 ☆☆

罵人時要謹記一個原則，就是指出對方犯錯的事實就好。不過，對一個三番兩次犯錯的部下，用這種方式責罵是不夠的。這時候你要明確點出客觀的事實。

「兩個月前，你在處理某次交易的明細時，也犯過同樣的錯誤。半年內犯了好幾次同樣的過錯，跟其他人相比太多了。」

選擇④【告訴對方，帳目寫錯一位數，上司非常介意】 💀💀💀

這是本題最糟糕的責罵方式，首先對方不清楚到底是哪個上司生氣。就算你們部門的主管真的生氣了，部下也無法體會主管有多生氣。聽的人只會感到詫異，上司對你的個人印象也不會太好。

我明白想罵人又不願扮黑臉的心情，但通通推給上司不會有任何好處。

好的責罵和壞的責罵

部下或後輩犯錯時，叮囑他們改進也是指導的一環，更是上司和前輩的義務。但責罵的方式錯誤，反而無法達到你要的效果。

商場上常會看到上司痛罵下屬，偏偏情緒火爆的上司，指正缺失總是陷入不夠具體的盲點。

部下根本不知道自己錯在哪裡，因此容易重蹈覆轍。**罵人時要點出具體缺失，請謹記這個大原則**。

另外，指正時口吻過於誇大也不行。好比選項②，明明對方才犯一次錯，你卻說對方「老是」犯錯，甚至還把錯誤放大檢視，這樣部下不會了解你真正想指正的問題。

還有一點，**罵人時不要情緒化**。萬一部下聽完你罵人，只覺得你今天心情不好，那你就是一個不入流的上司。

兩個部下犯同樣的錯誤，你卻看心情來決定指正方式，這種人得不到信賴，部下也難以成長。

然而，上司也是凡人，部下犯錯難免會感到火大。各位在生氣時，有沒有發過一些很不理性的訊息？而且不只傳給當事人，還不小心傳給其他同事……其他人看到那種不理性的發言，對你肯定不會有好印象，可謂百害而無一利。

那麼，怒氣飆升時該如何自處？

這裡我舉一個美國總統林肯（Abraham Lincoln）的例子給大家參考。南北戰爭（American Civil War）時期，林肯底下的將軍違背命令，吃了一場大敗仗。林肯非常生氣，畢竟付出的犧牲太過慘重，生氣也實屬正常。林肯拿出紙筆，寫下各種怨懟與不滿，最後將那一封信放到信封中直接丟掉。

如果林肯把那一封信寄出去，說不定南北戰爭的勝負，乃至美國的國運又不一樣了。

因此，**當你怒火中燒時，先給自己一段冷靜期**。以我個人為例，我生氣時會先離開座位，去外面走一走，或者聽聽音樂、喝喝咖啡之類的。

根據美國學者做的研究，打沙包或大吼大叫，無助於消解怒氣，只會助長你的怒火，根本無法緩和情緒。

如果你已經冷靜下來叮嚀對方，結果對方依然故我，那麼想辦法把那個人調走是比較聰明的做法。最好記下那個人犯錯的紀錄，提供客觀資訊給人事部門參考。

職場
神應對

絕不要在氣頭上亂罵人，冷靜地處理事實就好。

Q 20

你很認真工作，業績卻始終沒起色，這時候你該怎麼辦？

① 準時下班，好好放鬆一下。
② 加班到深夜，盡快拿出成果。
③ 幫助其他人，自己沒有成果也無所謂。

時下流行的商管書籍，多半贊成①的選項。或許人事部門的主管，也提供過類似的建議吧。不可否認，去活動活動筋骨，看一場電影，或是好好睡覺放鬆一下，可提升工作的幹勁和熱忱。問題是，旁人對你會有什麼評價？

人事異動和個人評價，往往跟人心是息息相關的。

選擇①【準時下班，好好放鬆一下】

過了下班時間，其實有沒有待在公司沒太大差別。早點回家做自己喜歡的事情，還有放鬆的效果。

不過，你是在公司上班，不能輕忽旁人的看法。沒拿出成果的人每天準時下班，大家對你肯定不會有好印象。評價和感受往往是一體兩面的，對評價也有重大的影響。

選擇②【加班到深夜，盡快拿出成果】💀💀💀

看了①的解說，各位可能覺得②才是正確選項。然而，這個選項比①還糟糕。你加班到深夜，要是拿不出成果，同樣會得到壞評價。況且，這對身體也不好。減少加班時間和改革工作方法，已經是時勢所趨了，加班只會有反效果。

如果你的上司重視精神論，說不定會博得一些好感。另一種可能是，上司覺得你辦事效率奇差，或者故意留下來賺加班費。因此，還是不要這樣做比較好。

選擇③【幫助其他人，自己沒有成果也無所謂】☆

早點回家不行，加班到深夜也不行，因此這個才是最棒的選項。去幫助那些業績蒸蒸日上的忙碌同事吧。

有些讀者可能會問，自己的業績沒長進，哪有閒工夫去幫助其他人？其實，去幫助業績好的人有很多益處。

首先，幫助忙碌的同事，等於對公司做出貢獻，這有助於提升你的評價。再者，同事欠你人情，說不定會提供建議幫你解決瓶頸。這就是所謂的「互惠原理」，當我們得到別人的好處，也會想要回敬對方。比方說，對方可能會提供一些增加業績的訣竅，或是把有機會簽下來的客戶介紹給你。

倘若你業績低迷，剛好又有多出來的時間，不妨主動去問看看那些忙碌的同事，看他們需不需要幫忙。

職場評價和主管的感受落差

評鑑通常有一套制度和基準，但往往跟人的感受脫不了關係。**職場上不是所有事情都講道理**。

改革工作方法已經是時勢所趨，如何提升工作效率，也是經營者和主管的一大課題。在這種潮流下，不用加班就有好業績的員工，才是最棒的員工。至於業績不佳又不肯留下來加班的員工，老闆、主管、同事看到會做何感想？就算他們內心清楚，**準時下班是當今多數企業的制度，也還是會希望業績不好的人努力一點**。

老實說，我自己就是那樣。加班時間的多寡，和業績不見得成正比。我也看過一些分店加班時數很多，業績卻奇差無比。理解歸理解，等你實際站上經營者的立場，你就是會希望他們多花點時間工作。

你要說我想法古板也確實如此，但現在日本企業的經營階層，還是有不少人抱持同樣的觀念。如果你想獲得職場高評價，就不該忽略這樣的感受。

工作效率差的惡性循環

那麼，①和②的差異在哪裡？按照剛才的說法，②的評價應該比①高才對。錯了，②不但效率奇差，公司還要出加班費。撇開這兩點不談，從感情上來看也有不被認同的理由。加班是一種很麻煩的行為，你只是花很多時間去處理業務，卻自以為在認真工作。大多數的主管和管理階層，也很清楚這種心態。

尤其那些加班到深夜才走的人，往往都有一些共通點，那就是「**慢熱**」。他們上午多半懶洋洋的，要等到下午才會開始認真做事。到了下班時間，幹勁也用得差不多了，然後一直瞎忙到深夜……差不多都是這樣，隔天上班還帶著前一天加班的疲勞，始終擺脫不了這種惡性循環。

偏偏這種人都以為自己工作努力，陶醉在虛妄的充實感當中。與其如此，還不如準時下班回家，隔天早上好好工作。

評價低的人常有的認知偏誤

接下來，我想聊一下「自我評價」和「第三者評價」。

人很難客觀地自我評價。因為人在清醒的時候，腦子裡想的都是自己的事情，很容易把自己當成特別的存在。所以，就算你做事拖拖拉拉，一直瞎忙到深夜，也會以為自己工作非常認真。

可是，這是你對自己的看法，缺乏客觀樣本數的評價。所謂公正的評價，是要盡量聆聽多方意見，從中得出平均值才算準確。一百個人說好吃的拉麵，絕對比只有一個人讚不絕口的拉麵要好吃。尤其，如果那唯一一個讚不絕口的人，是拉麵店的老闆，相信大家都會覺得評價不夠客觀。

人與人之間的評價也是一樣。以我個人為例，**別人對我的評價，比我對自己的評價還要來得可信**。若我周遭有一百個同事，那麼一百個同事對我的評價，才是更加客觀而公正的評價。

不過，不少人卻認為，公司沒有給予自己正當評價，甚至看不慣別人出人頭地，覺得別人的能力不如自己。如果你也有這些想法，代表你的自我評價跟他人評價有落差。**尤其是，你公然說出錯誤的自我評價，大家對你的印象會更差**。當然，也有人的自我評價很正確，這種人很清楚自己在旁人眼中的評價。

以前我有兩個部下A和B，A每天準時下班，B總是忙到深夜才走，B忙到末班車都快發車了，才衝去搭車，幾乎每天都這樣。幾個月後A順利升遷，B一聽到消息就勃然大怒。

「A都是拍上司馬屁才升遷的。每天都準時下班，沒做多少事，囂張個屁。」

B完全無法接受A升遷。

「我都忙到很晚才走吔。」

可是，這是B的評價，至於旁人是怎麼看的呢？

A早上七點半就到公司了。A提早上班，先處理好昨天剩下的業務。等到九點左右，就已經準備處理當天該做的工作了。大部分的工作幾乎都在上班時間內完成，所以每天可以準時下班回家。A還會利用閒暇的時間進修，提升自己的工作技能。大家都認為A工作熱心，效率高。

相對地，B都是快遲到才進公司，而且前一天都是匆忙離開公司，業務也沒處理好，上午都在處理前一天的工作。吃過午飯後，就慢條斯理地辦理業務，等到下午四點才拿出幹勁，一直工作到深夜……每天都是如此。

B不懂A升遷的理由，其他人卻覺得A升遷合情合理。當然，這是比較極端的例子，卻是千真萬確的事實，我也看過很多類似的例子。

曾經有員工跑來找我抱怨。

「我明明很努力，為什麼薪資比別人低！」

因為那個人整天跑來亂，最後我只好直接回答他。

「那我就明講了，別人能力比你好。」

結果那個人就氣沖沖地離開了。

人會給自己過高的評價，替自己的行為合理化。就算上班遲到或犯了愚蠢的錯誤，也還是覺得自己勞苦功高。可是，旁人看得很清楚，雙方的評價就有了落差。

各位若跟B一樣毫無自覺，可是會失去眾人的信賴，自然要花比較多時間才能升遷。

職場
神應對

積極主動幫助同事，客觀接納第三者的評價，為自己的升遷做好準備。

Q 21

下列四個人中，
誰會是高層眼中最適任部長的人選呢？

① 預算和目標達成率高，但做事習慣單槍匹馬。
② 預算執行率不佳，但擅長照顧其他人。
③ 在公司內樹敵頗多，但工作能力非常好。
④ 對公司建樹頗多，而且會率先接下別人討厭處理的工作。

主管必須帶領公司向前衝，因此要獲得眾人的愛戴才行。那麼，這一題選誰當部長才是正解呢？當你站在評判他人的立場時，能否做出準確的判斷，也是在考驗你有多少職場好感度。

選擇①【預算和目標達成率高，但做事習慣單槍匹馬】

這種人才對公司來說非常重要，但適不適合當主管還有待商榷，因為這種人培育不出優秀的部下。

像這一類型的人不該給予主管職缺，而是要用論功行賞的方式，鼓勵他再接再厲。換句話說，這種評價無法幫助他升遷。這一題要選的是部長人才，因此選①的人要扣分。

選擇②【預算執行率不佳，但擅長照顧其他人】

擅長照顧別人是一大優點，但預算執行率不佳是很嚴重的缺點。這種講法也許不好聽，但在照顧其他人之前，應該先反省自己的預算執行率。這樣的人不適合當部長。

選擇③【在公司內樹敵頗多，但工作能力非常好】☆☆

這種人跟①的類型差不多，但適合當主管。這種人的存在可以刺激內部成員，為公司注入新的活力。再者，底下的員工也能跟他學到不少東西。

樹敵頗多雖然是缺點，但本人工作不受影響的話，就值得給予好評了。不過，如果敵人數量占公司的一半以上，就要審慎考慮了。

選擇④【對公司建樹頗多，而且會率先接下別人討厭處理的工作】☆☆☆

這是最適合當主管的人才。首先，頗有建樹本就該給予好評。再來，肯率先處理大家不願做的事情，這種人深得旁人的信賴與景仰，這我在前面也提過了。跟這種人相處可以學到很多東西，你也容易有出人頭地的機會。

這一題要找的是，適合當部長的人才，其實④也是一個很適合當社長的人才。

評價主管職的標準

我培育過兩千多名員工，上市企業找我去開主管養成班，我一定會問他們這個問題。

每一家企業的升遷標準不同，你要看那家公司重視的是業績、溝通能力，還是論資排輩，這會影響到升遷的先後順序。

主管職和一般員工最大的差異，在於「獲得支援的能力」。業績出色、預算達成率高的人是很優秀的員工，但不見得適合擔任主管。

至於第三種人才樹敵頗多，各位可能對這一點有疑慮吧。可是，我認為敵人多未必是缺點。當然這也要看程度。理由在於，**當你身處基層時樹敵，代表你敢於挑戰；當你身居管理職時樹敵，代表你敢於扮黑臉指導部下，這可是擔任主管的一種素質**。

再來這一點純屬我個人看法，**第三類型的人多半有能力推出熱賣的商品，也有開發新產品的創意**。比方說，ＳＢＩ抵押銀行本來都靠線上招攬業務，後來推出嶄新的實體店鋪營運。這種新的營運模式就是第三類人思考出來的。

要推出嶄新的商品或服務，本來就容易跟保守的單位發生衝突，這也是第三類人樹敵較多的原因。

樹敵頗多的人似乎也是單槍匹馬的孤狼，其實**兩者的最大差異在於，有沒有吸引他人追隨的向心力**。第三類人才有極高的統率力，很適合當上司。

不過，④比③更適合擔任上司。**就算沒有突出的才能，④也能憑藉扎實的努力，慢慢取得大家的信任，很適合領導基層員工。**

出人頭地的最簡單方法

在企業裡想要出人頭地，最講究的是「實力」。**拿不出成績卻想出人頭地，這幾乎是不可能的事情。**

不過，只有能力突出的人，在大企業頂多只能幹到課長，直接統領少數幾名部下。要當到部長或高幹，還需要業務執行能力以外的要素，那就是獲得援助和信賴的能力。

比方說，有些課長明明權力沒多大，對部下卻頤指氣使，對上司就逢迎諂媚。這種人就得不到信賴，也不適合當上司。

也許他們以為自己隱藏得很好，但受氣的部下會找機會報復。而且，對部下頤指氣使的負面情報，一定會被更高層級的主管知道。

厲害的高階主管在酒會上觀察一下，就可以看出那種人的本性了。

人類對不公平的待遇是很敏感的。想要成為一個人上人，你待人接物必須公平公正，來提升自己的評價。

職場
神應對

不錯的業績和獲得信賴的能力，是出人頭地的必備要件。

第 4 章

獲得信賴的訣竅

你大方請同事喝酒，結果人家再也不跟你喝酒了，
到底問題出在哪裡？

Q22	☆ 個	💀 個
Q23	☆ 個	💀 個
Q24	☆ 個	💀 個
Q25	☆ 個	💀 個

※ 測驗結果請回填此表，全書測驗完再參考終章。

Q22

你現在的錢包狀態如何呢？請老實回答。

① 有收據和發票。
② 一堆沒在用的點數卡。
③ 鈔票擺放的方向不一。
④ 整理得井然有序。

☜ 選好答案後，請翻到下一頁（所有題目比照辦理）。

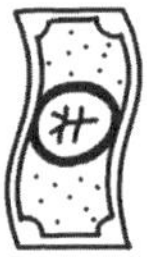

這一題很簡單，不用想就知道④是正確答案。但我不是問你哪個答案最好，而是問你的錢包現狀如何，所以務必老實作答。

選擇①【有收據和發票】

很多人錢包都會放這些東西，好比申請經費用的收據，或是記帳用的發票等等。大家應該都是一個禮拜整理一次，其實最好是每天整理。

選擇②【一堆沒在用的點數卡】

放入用不到的點數卡，跟選①的人差不多懶散。只放一、兩張還好，但有些人一放就好幾張，或是同一家店的點數存到一半，又拿了新卡蓋點數。這種人不懂得打理，會給人不好的印象。

選擇③【鈔票擺放的方向不一】☆

看到這個選項，各位可能以為這也是不懂打理的人。其實，鈔票擺放的方向跟一個人的性格有很大的關係。性格嚴謹的人會統一擺放的方向，連金額都會區分開來。至於鈔票故意擺反，在習俗上則有「不漏財」的含意。

沒做到這一點不代表做事缺乏條理，因此這個選項不扣分。

選擇④【整理得井然有序】☆☆

整理得井然有序的錢包，給人的印象最好。不管是錢包、手提包、辦公桌，沒整理好的人都不值得信賴。被當成一個粗線條的傢伙也怨不得人，人家可能會覺得你做事粗心，沒有時間觀念。

「魔鬼藏在細節裡」真正的意義

問這一題的用意，是請各位反省自己有沒有好好整理環境。從錢包這個例子，可以看出你做事有無條理。

其實，看辦公桌上的狀況也可略知一二。有些人的辦公桌上，常擺一堆用不到的物品，看上去相當凌亂。好比製作企劃書會用到的資料，擺在桌上一、兩天還沒關係，已經不看的資料還擺著不收就有問題了。

有的讀者可能會懷疑，擺放雜亂怎麼可能影響職場評價。請你換個角度思考一下，假設你今天是主管，正打算組織一個新的企劃團隊。A和B這兩個人能力相同，A總是把東西整理得井井有條，B則是弄得亂七八糟。請問你會想找哪一個加入團隊？

說穿了，你根本不想和B共事對吧。換句話說，**不懂得整理環境的人，會少掉很多做事的機會**。

如果只是不重要的工作那也就罷了，最怕的是上司不肯把重要的企劃交給你，你根本無法累積自己的資歷。這可關係到你的前途和收入。

千萬不要小看凌亂的發票或集點卡，正所謂見微知著。連錢包都整理不好的人，房間和包包肯定也凌亂不堪，一定容易遺失重要資料。

職場
神應對

平常要整理好自己的錢包和辦公桌。

Q 23

你收到同學會的通知信，信中註明繳費帳號，卻沒有標明匯款期限。請問你應該何時匯款呢？

① 表明參加的同時直接匯款。
② 同學會當天之前匯款就行了。
③ 當天直接繳現金。
④ 改天再匯款。

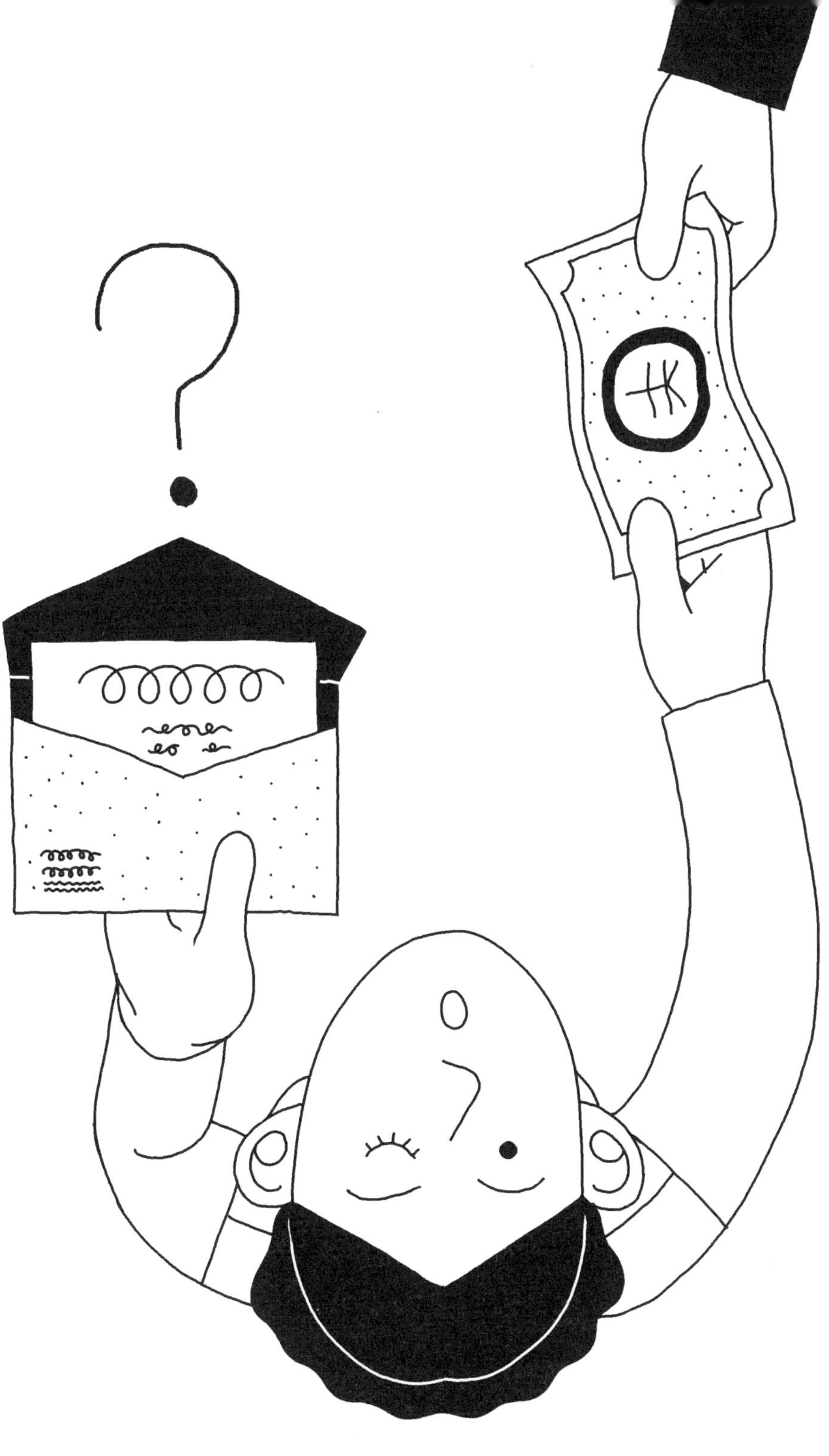

有些人處理生活中的小事，也會帶給別人安心感，有的人卻做不到。前者懂得設身處地替別人著想，這種人才能獲得信賴和高評價。後者凡事只想到自己，請各位謹記在心。那我們來分析下列的選項。

選擇①【表明參加的同時直接匯款】 ☆☆

很多人都以為事後再付就好，其實這種小錢很容易忘記。早點付完可以避免忘記，也能讓主辦人安心。

選擇②【同學會當天之前匯款就行了】 ☆

在舉辦以前更改參加人數，大部分店家也不會收取額外的費用，所以這個回答不算差。不過，人數沒有盡快定下來，對主辦人是很大的負擔。

選擇③【當天直接繳現金】

人數遲遲無法確定，會增加幹事的麻煩。臨時反悔不去的話，多訂的位子還必須支付額外的費用。懂得替幹事著想的人，會儘早匯款。

幹事在同學會當天可能會很忙，你當天才付款，人家搞不好還要浪費心力找你錢。既然通知信上有帳戶，事前匯款對大家都好。

選擇④【改天再匯款】

這是最糟糕的選項，被人誤會你沒有金錢觀念，也怨不了別人。同學會結束後，幹事還要花時間催促你繳錢，這種人根本沒考慮到對方的心情。

從付錢方式看一個人的同理心

我們可以從小中型聚會的付錢方式，判斷一個人的人品。如果是規模超過百人的座談會，都有明確的付款方式和期限。只要好好遵守，都不會影響到個人評價。

像同學會、酒會或是小規模講座這一類的小型聚會，付款規則通常不會訂得太仔細。**如何處理沒有明確規定的問題，會影響到別人對你的看法**。

這類型小規模的聚會，幹事最在意的是到底有多少人會參加。這不只是要不要參加的問題而已，還關係到是否有人臨時取消。

事先繳交費用，等於明確表示自己有參加意願。萬一臨時不克參加，已經繳交的參加費也可以填補取消的成本。

我個人經常舉辦商務座談會，參加者遲繳款項的問題，也讓我非常頭痛。我明明訂下了繳費期限，但很多人一定要到座談會的前一天才繳款，害我一直很在意他們到底要不要參加。老實說，這種人真的很麻煩。

區區幾千元的酒會也就罷了，金額超過一萬元的同學會或研修會，如果有好幾個人動不動就遲繳，實在很難處理。

身為活動主辦者，我們都希望大家早點付款比較好。參加人數無法確定，這對主辦者是一大壓力。因此，我遇到需要繳款的活動，一定會盡快繳款。就算繳款期限還有一個月，只要經濟上過得去，我還是會馬上繳款。這麼一點貼心的舉動，可以帶給對方意想不到的喜悅。

像這種個人性的活動，你晚一個月付款也沒好處。那筆錢放在銀行也沒多少利息，你還要整天提醒自己記得付款，壓力反而更大。所以我建議各位，一旦確定要參加就立刻去付款。**萬一必須退款，也要盡快完成才好**。

比方說，我召開的橫山塾以前曾辦過廣島旅遊，可惜後來豪雨成災，只好取消。而參加者已經付款了，我在宣布取消的隔一天，就把錢全部退還給他們。我退款的速度其實跟我平常辦事的速度差不多，但大家都覺得我動作很快。我這才明白，原來退款速度快也能博得大家的歡心。**人與人交往，跟錢有關的事千萬不要拖拖拉拉**，請各位謹記在心。

順帶一提，在商場上為了確保公司的現金流量，應付帳款是越晚付越好，應收帳款則是越早拿到越好。這時候，早點付款就未必是一件好事，請特別留意。

職場神應對

該付的錢盡快付（商場問題則不在此限）。

Q 24

和同事一起去喝酒，本來是要平分費用，但你剛好錢不夠，同事先幫你代墊。請問你之後該怎麼做？

①一離開店家，馬上到附近的提款機領錢還給對方。

②隔天再還（匯款或直接還現金）。

③下次酒會幫對方付帳。

④之前的酒會，你請對方喝過很貴的名酒，所以不用還。

錢帶不夠本身就是一件壞事。不過，事後的處置得宜，還是有挽回的餘地。在回答之前，請思考一下平時如何處理這種問題。

……………

選擇①【一離開店家，馬上到附近的提款機領錢還給對方】 ☆☆

當天借的錢最好當天還，馬上還錢就不會事後忘記。馬上還錢的舉動，代表你這個人很有責任感。

選擇②【隔天再還（匯款或直接還現金）】 ☆

這一個選項還錢的速度也算快，但有時候可能會忘記還，因此評價不如①。

選擇③【下次酒會幫對方付帳】 💀💀

「下次我多出一點」相信這句話各位都聽過才對。可是，下次什麼時候舉辦酒會沒人知道，欠錢的人也未必會記得這件事。通常欠錢的一方都會選擇性失憶，反倒是借錢的一方記得很清楚。到頭來，你很有可能忘記還錢，而對方還耿耿於懷。

再者，就算大家下次還有機會一起喝酒，同事共飲通常都喝得醉醺醺的，在愉快的氣氛下更不會明算帳。因此，你還是有可能忘記付錢，這也是扣分的原因。

選擇④【之前的酒會，你請對方喝過很貴的名酒，所以不用還】

相信各位都覺得自己不會選這個選項。可是，當你真的花大錢請客，很容易產生這種想法。就算你出的總額比對方多，這也不是一個好的選項。

請客這種事情，通常請人的一方會記得很久，被請的一方則會遺忘。這種情況下，你說自己之前曾請客，就算對方想起這件事，對你也不會有好印象。

更何況，一直記住人家欠你的人情，還三不五時拿出來講，會給人一種愛計較的感覺。所以請完客就算了，以後不要再拿出來講。

談錢傷感情的理由

這裡要特別留意的是，對方借錢給你，這件事他會一直記在心裡。就算只是一點飲料或零嘴的錢，也同樣不會忘記。

我在第一章也提過，金錢借貸容易傷感情。如果只是小額的金錢，對方也不好意思叫你還錢，你會在無形中失去信賴。

借了錢最好馬上還。就算去ATM領錢還要另外付手續費，你得到的信賴也絕對超過那點小錢。

我剛出社會頭一年，我們部門有一次舉辦酒會。我先用信用卡幫大家付帳，每個人的開銷也記下來，事後我請他們還錢，某個大我十歲的前輩始終不肯付錢。他說我搞錯了，他沒有欠我錢。明明所有開銷我都記得清清楚楚，不可能搞錯。後來他沒藉口可用了，就要我多寬限幾天。

結果最後就是不了了之，根本沒還我錢。奇怪的是，那個人也不缺錢，卻非常討厭付錢這種行為，真是奇哉怪也。

那種沒信用的人不可能獲得高評價。他只是運氣好比較早加入公司，按輩分剛好有機會當上分店長，但很快就幹不下去了。**這代表一個人的付錢習慣，跟評價是息息相關的。**

職場
神應對

該付的錢不要拖。

Q 25

你和社經地位比你高的人吃飯，對方說他要請客，請問你該如何應對？

①讓對方請客不太好意思，說什麼也要出一點才行。

②當下讓對方請客，事後再出一點。

③當下讓對方請客，並且表示你的感謝。

④當下讓對方請客，事後再送禮回報。

總有些人是我們無論如何都想得到對方的信賴。接下來，我會剖析這一題的訣竅，順便告訴大家該如何應付這樣的場面。

選擇①【讓對方請客不太好意思，說什麼也要出一點才行】

地位比你高的人說要請客，你千萬不能這樣應對，這是很不給別人面子的說法。稍微付點小錢，你可能覺得自己表現得成熟世故，其實這只會有反效果。你等於是在糟蹋人家請客的美意，所以不要這樣做。

選擇②【當下讓對方請客，事後再出一點】

這個選項也不好，理由跟第一個選項一樣。尤其你事後才付人家一點小錢，會更傷人。人家本來爽快請客，你這行為是在破壞人家的心情。

選擇③【當下讓對方請客，並且表示你的感謝】☆

表示感謝是最基本的禮貌，這個選項看似正確，但你想得到對方的信賴，只表示感謝是不夠的。真要表示感謝，至少寫一封感謝函。最好用手寫，不要傳簡訊。

選擇④【當下讓對方請客，事後再送禮回報】☆☆☆

如果對方請客的金額很高，你想要表達更明確的謝意，請送對方禮品，不要只是口頭或書面感謝。重點不是送高價禮物，而是表達你的感謝之意。切記，禮品價格不要高於對方請客的金額。

博得對方好感的聰明方法

地位比你高的人要請你吃飯，你就接受對方的好意吧。**請你吃飯這件事，可以提升對方的自我肯定感，所以你也不必過意不去。**對方可能本來就打算請客，也有可能跟你吃飯特別開心，所以才想請客。

換句話說，選項①和②是在糟蹋人家的自尊和美意。

不過，沒有付出和回報也不厚道，因此請務必要表達你的感謝之意。最好的方式是寫一封感謝函，至於明信片、電話或簡訊等方式，用來表達謝意就稍嫌遜色了。不過，至少比完全沒感謝要好。

挑選禮品和贈送的訣竅

日後挑選送對方的禮品時，價格不要高於請客金額的三分之一，當然這也要看你跟對方的關係還有你的地位。這純粹是一個基準，金額不用精算。然而，禮品的價格高於吃飯錢的一半以上，這就太過了。如果你送的方式又不恰當，反而會顯得失禮，請特別留意。

一般來說，送禮給地位比較高的人，最好送一些「不會留下來的東西」，好比高級的點心就不錯。倘若你知道對方喜歡吃什麼點心，那就送那種點心吧，不用買高級貨也沒關係。

有些人一聽到要送禮，會懷疑這樣做是否真有必要，其實收到禮品的一方通常都滿開心的。我也收過不少禮品，每次收還是覺得很開心，而且也很慶幸自己請對方吃飯。也就是說，**你在對方請完客以後送禮，同樣可以提升他的自我肯定感**。對方知道你懂得回禮，也會對你產生一股信賴之情。

再者，對方要是已經結婚，配偶是家庭主婦或主夫的話，把禮品直接送到對方家也是好辦法。對方的家人會直接感受到你的謝意，收下禮物後會更加開心。如果對方有小孩的話，就更應該直接送到家。乾脆挑選小朋友喜歡的東西，也很不錯。

或者，你最近有旅行或出差的打算，購買當地的土產送給對方也好。你可以很自然地送給對方，也不會感到彆扭。

說到送禮，我以前在電視上看過一則印象深刻的趣聞。美容專家 IKKO 每次上完節目，都會贈送同場來賓蜂蜜，還附上感謝函。當然，那是相當名貴的蜂蜜，感謝函也是親筆寫的。而且，他一定親自當面送給對方，我終於能理解他大紅特紅的原因了。

送禮送得好，對方會認為你是一個有禮貌的人，下次還願意約你出來吃飯。請各位務必嘗試一下。

結帳時到底該不該掏錢包？

最後，結帳時該不該掏出錢包，這也是大家很困擾的問題。如果地位比你高的人，很清楚地說要請客，那你就不用掏出錢包，也不需要推辭。

另一種情況是，你認為對方會請客，但對方又沒有明講。這種時候該不該掏錢包，就有些猶豫了對吧。

這時候請你仔細觀察，對方到底有沒有請客的意願。或許你覺得對方有意請客，但我們不知道別人心中的想法。你要是不掏錢包出來，對方可能會懷疑你喜歡占人便宜。

因此，請你先把錢包掏出來，等對方說要請客，你再趕快把錢包收起來，這樣做才合乎禮儀。

讓對方心甘情願請客，這也會提升你的評價。

職場
神應對

當一個好禮的人，人家請完客還會對你讚譽有加。

第 5 章

正確努力的訣竅

同事準時下班還能出人頭地，
我到底哪裡不如人？

Q26	☆　個	💀　個	☠　個
Q27	☆　個	💀　個	
Q28	☆　個	💀　個	

※ 測驗結果請回填此表，全書測驗完再參考終章。

Q 26

你平常幾點到公司？

① 會算好一段充裕的時間，提前到公司。

② 比上司更早到公司。

③ 總是差點遲到。

④ 經常遲到。

☞ 選好答案後，請翻到下一頁（所有題目比照辦理）。

①②③都是準時上班，評價卻不同。差異的原因，同樣藏在細節裡。

選擇①【會算好一段充裕的時間，提前到公司】☆☆

這是普通的回答，一到上班時間就可以馬上辦公。很多公司允許員工上班後再準備，但不是每一個上司都能接受，請務必留意。

選擇②【比上司更早到公司】☆☆☆

這一個選項跟①有相似之處，但重點不是幾點到，而是要比上司早到。我不是說部下一定要比上司早到，我講的不是這種精神論；而是要了解為何上司很早就到公司，這才是關鍵所在。

選擇③【總是差點遲到】

有趕上的話那還沒什麼關係，但差點遲到畢竟不是好事。一個總是差點遲到的員工，很難出人頭地。

不過，這也要視業績而定。倘若你的業績不錯，其他人也不會有意見。就算你差點遲到，人家也只會覺得你平日繁忙、勞苦功高。反之，業績不好，狀況就完全不一樣了。其他人會說你就是不守時，才會業績差。

選擇④【經常遲到】

選這個選項的人直接出局，這是一個社會人士不該有的差勁評價。習慣性遲到的人只有兩種情況下不會受罰，一種是徹底被放棄，另一種是能力或業績高到無話可說。就算你的能力和業績高超，遲到可能也會害你的評價下滑。

早到的人真的比較優秀？

單純按規則來思考，③算不上遲到，照理說也沒什麼問題。不過，本書的重點是如何提升自我評價。評價未必是出於理性的判斷，所以不是沒遲到就沒關係。

你的評價好壞取決於上司，上司也是凡人。假設上班時間快到了，上司有事情要找你，結果你人不在，上司難免會有所埋怨。

要用最有效率的方式博得上司信賴，最好的方法就是比上司早到。很多高幹、主管很早就到公司了。相信各位的職場上，也有那種位高權重的主管，每天都很早就到公司上班吧。

為什麼他們一大清早就進公司呢？因為他們相信，**早點進公司會有好運氣**。

早點進公司的第一個好處是，你可以事先做好準備，按照自己的步調來安排一天行程。

例如公司規定九點上班，大概八點四十分左右，職員就會陸陸續續到公司了。這時候會開始聯絡客戶，或是進行內部溝通協調。事先安排好一天的行程，做好工作上的準備，對你絕對有利無害。因此，忙碌的人通常都很早到公司。

另一個好處是，**早上早一點到公司上班，晚上盡量不要加班，這樣腦部運作的效率也比較好**。

再者，**早上有一段比較寬裕的時間，你才能應付突發的事件**。假如你差點遲到，一到公司又被上司叫去講事情，一轉眼又是二十分鐘過去。等你回到位子上打開電腦，又看到客戶傳訊息給你，要你在幾點以前盡快跟他聯絡。好死不死，客戶指定的時間已經超過了。你急忙打電話給對方，偏偏人家外出洽公了……這都是實際會發生的事情。

如果你早一點到公司，事先確認電子郵件的訊息，就可以趕快聯絡對方了。開始上班以後，你可能會突然接到緊急的工作。早一點到公司做好準備，你才不會忙得團團轉。

早到的人，工作都安排得很妥當，自然容易得到評價和信賴。現在這個世道，大家都說要改變早出晚歸的工作觀念。

早點進公司感覺不太合理，但你要把自己的工作處理好，就應該好好利用上班前的那一段時間。

切記，比上司更早進公司，可以有效活用那一段時間。

職場
神應對

在上班前就把工作行程安排好的人，容易獲得好評。

Q 27

上司要求你這個月要達到三百萬的業績。你上個月業績是一百五十萬，交易量也增加了，再拚一點或許可達到兩百萬。這時候，你的目標應該訂多少？

① 一百五十萬。
② 兩百萬。
③ 三百萬。
④ 四百萬。

這一題要討論的是目標設定與評價。明知業績有可能下滑，還刻意設定較高的目標，這到底是好是壞？

選擇①【一百五十萬】

上司叫你努力達成三百萬的業績，結果你只求一百五十萬，這等於是拒絕服從上司的業務命令。身為上班族，這是絕對不該做的事情。這麼做無疑是在告訴上司，你根本沒有上進心可言。上司會對你感到失望，評價變差也是理所當然。

選擇②【兩百萬】

這一個選項也不好，理由跟①一樣。上司叫你努力達成三百萬的業績，你設定的目標卻遠低於那個數字，上司的印象不會好到哪裡去。

選擇③【三百萬】☆☆☆

這才是最棒的答案。有些讀者可能會懷疑，能否達成三百萬根本是未知數，萬一沒達標豈不是給人壞印象。但上司通常見多識廣，一次沒達成目標，對你的評價也不會有太大的影響。

選擇④【四百萬】💀💀

有企圖心是好事，但也要看你的成果。你要真拿得出成果，評價自然水漲船高。反之，評價可能會大幅下滑。就算你真的要追求四百萬的業績，這個目標你放在心裡，口頭上說三百萬就好。

目標設定和職場評價的關聯性

本書在一開始提過，當你要遲到時，如果實際到場的時間，比你說好的抵達時間還晚，這會影響到你的評價。因此根據這個理論，有些讀者可能認為，按照上司的要求設定目標，萬一沒有達到，豈不是會給人不好的印象。

不過，這一題的重點在於，你的上司很清楚你上個月的業績，所以才建議你把目標訂成三百萬。**上司是看你有潛力才這麼說的，選③從善如流才是正解**。

就算你實際業績只有兩百萬，設定高標後得來的兩百萬，和設定低標後得來的兩百萬，在上司眼中的意義完全不同。

這就好比你考試只求第二名，那就不可能得到第二名一樣。同樣的道理，如果你只追求兩百萬，要達到兩百萬並不容易。你有沒有努力提升自己的價值，鼓勵自己更進一步，這種態度才是受人信賴的關鍵。

在合理範圍內設定高標，可以培養個人實力，評價自然高。

刻意設定高標的風險與好處

有些人可能會想，既然目標設定三百萬，也沒法百分之百達成目標，那為何不直接設定四百萬？這樣更有機會達成三百萬不是嗎？

確實，設定更高的目標也不錯，前提是你要真的有機會達到目標。萬一你說要達成四百萬業績，結果實際只有兩百萬，這比你訂下三百萬的目標，結果只有兩百萬的業績還要糟糕。除非上司特別欣賞有骨氣的人，否則這種目標你還是放在心底就好。

職場
神應對

公司看的是員工有沒有「挑戰的精神」。

Q 28

上司傳簡訊叫你做資料，資料很簡單，一下子就能做完。請問你會何時回信，讓上司知道你會照辦？

① 收到簡訊後馬上回信。
② 開始製作資料再回信。
③ 等資料做完，連同資料一起傳送回去。
④ 簡單的工作不必回信。

不要思考哪一個答案最高分，而是根據你平時的作為誠實回答。這一題的關鍵是上司的感受。

選擇①【收到簡訊後馬上回信】 ☆☆

上司傳完簡訊以後，最關心的不是你何時會完成資料，而是你到底有沒有收到指示。馬上回信的人，上司會覺得很放心，因此這是最好的答案。

選擇②【開始製作資料再回信】 

如果你馬上開始製作資料，那麼回報的時間幾乎跟①相同，兩個選項的分數也差不多。不過，如果你看完簡訊後隔了一段時間才動工，這段時間上司沒法安心，對你的印象也不會好到哪裡去。

選擇③【等資料做完，連同資料一起傳送回去】

很多人一看到是簡單的工作，就會選③。然而，在你作業的這段時間，對你下達指示的上司，會很在意他的指示有沒有傳達到。你讓上司等待的時間會比②還要久，評價更糟糕。

選擇④【簡單的工作不必回信】

這個答案完全不行。有人會覺得這個選項很荒唐，但日常生活中很多人都有類似的毛病。

我問過一些當主管的朋友，他們也常碰到這樣的部下。上司平常也很忙，沒那個閒工夫一直管你有沒有回信，但只要一想到就會非常在意。因此，選④是最不應該的。

上司在意的是，指示有沒有確實傳達

就算上司交代的工作很簡單，你也要盡快回覆交辦事項。

接下來，我說一下自己以前緊急住院的例子。那一次住院的時間比我預料的還長，我不得不取消之前預約的高級餐廳。我傳簡訊拜託部下幫忙取消，但部下沒有回信。我人在病房裡乾著急，又沒辦法催他。

後來我才知道，那個部下有收到我的通知。沒想到他打錯電話，其他家餐廳的員工說我並沒有預約。

因為根本不是我預約的那一家。結果，那個部下認為我既然沒預約，就不用回報了。直到那家高級餐廳要求我付錢，我才知道這件事。我沒有事先通知取消訂位，只好支付高昂的用餐費用。

取消餐廳預約是再簡單不過的事，所以那個部下也覺得沒必要回報。或許，他是顧慮到我在醫院治療，不想打擾我吧。但他在收到訊息時，好歹也該回信告訴我一聲。

他若真的顧慮到我，在取消預約後也該傳個簡訊講一下。要是他能事先告訴我，店家沒接到預約的通知，我馬上就會注意到有問題。到頭來，聯絡我的不是那個部下，而是我要取消預約的那家餐廳。**好在這件事花一點小錢就能解決，我還可以當笑話講，但失信於人是難以彌補的。**

假如，有人傳一封冗長的訊息給你，你應該先告訴對方你收到了，並且說清楚你會等有空時再看。就算你當下很忙，沒時間詳細閱讀內容，先回信可以消除對方的不安。這樣對方會知道你收到訊息了，萬一你之後忘了回信，人家也比較好催促你回信。

馬上回信還有另一個好處，那就是回信不用寫得太長，直接說一句你明白了就好。現在用手機就能回信了，還請儘早回信吧。**那些出人頭地的人，回信的速度都很快，因為他們懂得體恤別人。**

比方說，你要舉辦一場餐會。由於參加的人數眾多，為了調整舉辦的時間，你應該先打探其他人的行程。對方告訴你行程，等你提出預定的日期以後，那一天對方就得空出時間。如果你事先告訴對方，雖然目前還沒接到所有人的聯絡，但餐會可能會暫定在某幾天。

如此一來，對方就可以在其他日子安排自己的行程。反之，如果你要等所有參加者的日子都喬好再通知，對方在等待的過程中，就沒辦法接受其他人的邀約。說穿了，**對方會認為自己吃了大虧，你也得不到信任。**

職場
神應對

收到訊息馬上回信，可以讓對方安心。

最終章

職場好感度，

是開拓人生的利器！

前面的二十八道問題各位做得如何呢？趕快來計算一下綜合評價吧。

請在兩百一十一頁的表格中，填寫各章節的星星和骷髏數量。星星扣掉骷髏，就是你現在的評價。假設你全部共有二十八顆星，但骷髏總共有三十九個，你的綜合評價就是：

28－39＝－11

也就是「負十一分」。若星星有三十二顆，骷髏有二十二個，則評價為：

32－22＝10

評價就是「十分」。

算出分數以後，請參照兩百一十二頁的成績表，看看自己職場好感度如何。另外，在一百零九頁選擇大星的讀者，或是在一百九十三頁選擇大骷髏的讀者，光看那兩題就能決定你的評價。

來計算綜合評價吧！

第 1 章 ☆ 　　個 　　個

第 2 章 ☆ 　　個 　　個 　　個

第 3 章 ☆ 　　個 　　個

第 4 章 ☆ 　　個 　　個

第 5 章 ☆ 　　個 　　個 　　個

☆合計星星 　合計骷髏

綜合評價 ______ － ______ ＝ ☐ **分**

成績表

35 分以上，或是在 109 頁選擇 ☆ 的讀者

職場好感度非常棒，可以說是上班族中的翹楚。請繼續保持現在的做事方式，精進自己的專業和實務能力，你的評價會越來越好。重新審視一下那些回答不利的問題，你出人頭地的速度會更快。

25 分到 34 分的讀者

職場好感度佳。照這樣努力下去，假以時日也能成功，但只要你改善那些回答不利的問題，成功離你又更近一步。請先從容易的部分做起，改善自己的言行吧。

11 分到 24 分的讀者

職場好感度尚可。身為一個商業人士沒大問題，但你要是想出人頭地，就必須增加正面的評價，盡量減少負面的評價。請先做容易實踐的技巧，改善自己的評價吧。

1 分到 10 分的讀者

職場好感度偏低，就算你認真工作，人家也會覺得你不可靠、不夠好。你需要改變一下待人處事的方法，不要妄想一步登天，請先從容易的部分做起，改善自己的言行吧。

0 分以下，或是在 193 頁選擇 ☠ 的讀者

非常遺憾，你的職場好感度非常低，如果你現在得不到想要的評價，理由很簡單。請立刻改變自己的言行，盡量減少負面的評價吧。只不過，像藝術家這一類重視原創特性的職業，好好活用這項特質的話，也不失為一種特色。

不要被實力以外的要素拖累

各位的職場好感度如何呢？倘若你現在的職場好感度偏低，請實踐一下本書介紹的訣竅，先從比較容易的做起。除了實力和能力以外，其他要素也非常重要，了解這一點再來實踐書中訣竅，職場好感度就會提升，年收入也會跟著增加。

如果你職場好感度很高，但年收入和評價偏低，那有幾種可能。

・你的職場好感度，還沒有完全被旁人注意到。

了解一個人的人品需要花時間，職場好感度也不可能馬上被注意到，只要你持之以恆努力下去，評價一定會提升。

・個人性質的工作較多，評比制度和業績的關聯性較強。

有的工作不太需要進公司，只要拿得出成績就好，在這種實力至上的制度下，職場好感度和實際評價未必成正比。然而，就算交際的場面不多，同事也會漸漸察覺你這個人好不好相處、好不好合作。因此，哪怕要多花一點時間，你還是得提升職場好感度，這樣你的年收入一定會增加。

· 你的公司或職業，平均年收入本來就比較低。

很遺憾在這種情況下，你很難提升自己的年收入。若你真的想多賺一點，請培養職場好感度，試著轉行看看吧。

· 上司或公司在等你提升實力。

如果升遷要滿足既定的條件，那麼就算你的職場好感度不錯，年收入也不會立刻增加。可是，多精進自己的能力和實力，年收入也就越有機會增加。所以，你要建立這樣的良性循環，讓自己的努力確實得到回報。

請思考你屬於哪一種狀況，評估自己未來的職涯。

提高職場辨識度，才能迴避不合理的要求

最後，為了說服各位嘗試本書介紹的訣竅，我就來整理一下，掌握職場好感度有多少好處。

①功成名就，開創自己想要的人生。

各位，你們認為要開闢一條康莊大道，最需要什麼條件呢？優秀能力？良好的時機？肯栽培你的環境？了不起的技能？不錯的運氣？大部分人提出的這些要素，的確也是獲得成功的重要條件。可是，有這些東西你不見得會成功。

能力、技能、環境、時機、運氣，善用這些東西你就離成功更近一步。但大多數的人都沒看到重點，真正重要的是職場好感度。

本書開頭也提到，**職場好感度對你的實力有相輔相成的作用**。有了職場好感

度，實力未必會影響到你成功的機率。職場好感度就是有這麼大的影響。

有鑑於此，我們可以這麼說。

「**這一本應對職場地雷的教戰手冊，會提升你職場好感度，就算實力不佳也有機會成功。**」

我知道這說法不太好，但事實就是如此。有的公司把做人處事的能力，看得比實務技能更加重要。掌握職場好感度，可以彌補你實力和經驗上的不足。

我用「成功」來形容比較簡單易懂，其實把成功這兩個字換成升遷、好評、加薪、訂閱數上升、達成眾籌目標也未嘗不可。

②有職場好感度，自然有人願意幫你。

人類單打獨鬥的能力非常有限，沒有同事和客戶的幫忙，你不可能把企劃辦好，也難以出人頭地。你能否成功，完全取決於你有多少職場好感度。這是我看過幾千名商業人士所得出的結論。

本書介紹過許多要素，全都跟職場好感度有關。你也可以說，那是獲得信賴的技術。事實上，你只要好好實踐高分的項目，一定能獲得好評。

大家會說，有你在事情總是進行得很順利，而且跟你在一起特別開心。大家對你的好印象，就是你在商場上累積的信賴。換句話說，本書介紹的職場好感度，其實就是獲得信賴和支援的方法。

聽我這樣講，有些讀者也許不以為然。你們可能會想，都什麼時代了還在講信任？現在講究的是廣泛的人脈。不過，請千萬不要忘記，沒有客戶，商業行為就無法成立，自由工作者也有提供委託的案主，藝術家也要有支持者才活得下去。

獲得信賴和支援，其實就是獲得關照和厚愛，只是說法不一樣罷了。這一切都要有信賴才算數。

說穿了，我們沒辦法獨自活下去。要過上理想的人生，你必須懂得借力使力。得到大家信賴的人——也就是享有好評的人，自然享有功成名就的理想人生。

③維持你的成功地位。

有些人是靠逢迎拍馬、為非作歹——也就是用旁門左道的方式成功。這種人在上司眼中有一定的評價，但完全得不到部下和同事的信賴。各位知道他們之後會發生什麼事嗎？

缺乏信賴的成功轉眼即逝，我稱之為「十八個月的成功」或「表面上的評價」，能撐個一年半載就要偷笑了。

不管是做業務或企劃，還是做其他的工作，有時候業績會突飛猛進。除非擁有職場好感度，否則這種人很難維持成功的地位。俗話說亂槍打鳥也有打中的時候，但這樣的成功無法持久。

有的藝人也是走運爆紅，可能他們有些笑料剛好很受歡迎，但沒有扎實的談話內涵和表演能力，很快就被淘汰了。得不到製作人的好評，以後也沒有機會上節目，過幾年你就完全看不到人了。類似的例子不勝枚舉。缺乏信賴的成功轉眼即逝，時間一久肯定會露餡，最終反受其害。**聲勢暴起的下場，往往就是聲勢暴跌。**

我跟其他的大老闆聊過，他們也都有同樣的看法。既然英雄所見略同，那就代表這是硬道理。如果有例外，搞不好那個人只是表面上逢迎拍馬，背地裡獲得許多人的支持與信賴，甚至有外人難以測度的實力。

各位會讀這本書，想必你們或多或少都有出人頭地的欲望。成功不是只有一種形式，但你想要維持自己成功的地位，再創人生的巔峰，那你就該掌握並累積職場好感度。

④區區一、兩次失敗不會影響你的高評價。

評價不是一朝一夕建立的，而是一連串的行為累積來的，起起伏伏也很正常。平常我們不會特別在意自己的行為，也不曉得每一次行為對個人的信用有何影響。可是，**這種累積的影響力非常巨大，大家判斷你這個人，是看你這個人的「連貫性」**。

聽到連貫性這個字眼，各位可能以為很複雜，換個簡單的說法就是，你的行為有什麼樣的傾向？如果大家認為你這個人愛說謊、愛遲到、愛拍馬屁，那絕不是一、兩次的行為造成的。肯定是你常那樣做（有連貫性），才會有不好的評價。**相對地，你只做一、兩次值得信賴的好事，也同樣無法取信於人**。

用減肥來舉例各位就懂了。假設你今天不吃午餐，或是連續幾天斷食，你的體重也不會有明顯的變化。你只是減去胃腸裡的食物和身上的水分。一旦恢復不健康的飲食，很快就會復胖。減肥重視的是均衡的飲食和運動習慣。同樣的道理，爭取信賴講究的是連續性，而不是單一的言行。

不過，**很多人都以為一、兩次的行為，會決定個人的評價**。

比方說，本書教你收到訊息要盡快回覆，結果你只乖乖照做一、兩天，這樣評價是不可能變好的。倘若你平常做事拖拖拉拉，只有一、兩天回信特別快，人家也只會覺得你剛好比較閒罷了。

遲到的人通常得不到信賴，但有的人遲到不會被罵，依然受到旁人器重。最大的差異就是，這種人平時累積了深厚的信賴。

假設你平常做事守時，而且準備充分，大家對你的辦事能力深感放心。萬一你開會不小心遲到，也不會失去別人的信賴。這就好像億萬富翁掉了一萬塊，也沒有影響一樣。

⑤獲得下一次成功的機會。

評價高的人自然容易得到機會。**因為評價高的人辦事不會出紕漏，可以避免不**

必要的損失。比起獲利，人性更害怕損失的恐懼。假設你手中有兩張投資信託的傳單：一張寫著，本方案可以讓你每個月多賺三萬元！另一張寫著，不知道這個方案，你每個月會損失三萬元！

就算兩者內容一樣，你大概也會覺得後者更具衝擊性。換句話說，只要別人相信跟你合作不會吃虧，你自然會得到較高的評價，人家也會特別重視你。

歸納起來，總共有五大好處。

①功成名就，開創自己想要的人生。
②有職場好感度，自然會有人幫你。
③維持你的成功地位。
④區區一、兩次失敗不會影響你的高評價。
⑤獲得下一次成功的機會。

最後要提醒各位，除非你有職場好感度，否則你是享受不到這些好處的。你身旁比較會做人的同事，說不定就在享受這種好處。如果你不具備這樣的能力，同事升官發財你就只能乾瞪眼了。

這代表你在職場上相對吃虧，擁有職場好感度好處多多，缺乏職場好感度卻會吃大虧，這就是我前面提到的對比。

那該怎麼做才能享受好處，又不吃虧呢？很簡單，這本書都有告訴你祕訣。

各位，你想不想掌握「職場好感度」，過上幸福的人生呢？

國家圖書館出版品預行編目資料

職場好感學：讓老闆喜歡、主管器重、同事信任的 28 個關鍵 / 橫山信治作；葉廷昭譯 . -- 初版 . -- 臺北市：三采文化股份有限公司，2023.05　面；公分 . -- (iLead；09)
ISBN 978-626-358-070-1（平裝）

1.CST: 職場成功法　2.CST: 人際關係

494.35　　112004734

◎封面圖片提供：
emma ／ stock.adobe.com

iLead 09

職場好感學

讓老闆喜歡、主管器重、同事信任的 28 個關鍵

作者｜橫山信治　插畫｜海道建太　譯者｜葉廷昭
編輯二部 總編輯｜鄭微宣　主編｜李媁婷　美術主編｜藍秀婷
封面設計｜李蕙雲　內頁排版｜陳佩君　校對｜黃薇霓

發行人｜ 張輝明　總編輯長｜ 曾雅青　發行所｜ 三采文化股份有限公司
地址｜ 台北市內湖區瑞光路 513 巷 33 號 8 樓
傳訊｜ TEL:8797-1234　FAX:8797-1688　網址｜ www.suncolor.com.tw
郵政劃撥｜ 帳號：14319060　戶名：三采文化股份有限公司
本版發行｜ 2023 年 5 月 5 日　定價｜ NT$380

NYUSHA 3NEMME MADENI MINITSUKETAI JOSHI NO TORISETSU written by Nobuharu Yokoyama

Originally published in Japan by Nikkei Business Publications, Inc.
Traditional Chinese translation rights arranged with Nikkei Business Publications, Inc. through Japan Creative Agency.